概率论与数理统计学习指导

主　编　何春雄

副主编　蒋金山　王帅灵　陆子强　匡　锐　朱锋峰

华南理工大学出版社
SOUTH CHINA UNIVERSITY OF TECHNOLOGY PRESS

·广州·

图书在版编目(CIP)数据

概率论与数理统计学习指导/何春雄主编 . —广州：华南理工大学出版社，2018.1

ISBN 978 - 7 - 5623 - 5501 - 4

Ⅰ.①概… Ⅱ.①何… Ⅲ.①概率论-高等学校-教学参考资料 ②数理统计-高等学校-教学参考资料 Ⅳ.①O21

中国版本图书馆 CIP 数据核字(2018)第 007379 号

概率论与数理统计学习指导

何春雄 主编

出 版 人：卢家明

出版发行：华南理工大学出版社

（广州五山华南理工大学 17 号楼，邮编 510640）

http://www.scutpress.com.cn E-mail:scutc13@scut.edu.cn

营销部电话：020—87113487 87111048（传真）

责任编辑：詹志青

印 刷 者：佛山市浩文彩色印刷有限公司

开 本：787mm×1092mm 1/16 印张：10.25 字数：213 千

版 次：2018 年 1 月第 1 版 2018 年 1 月第 1 次印刷

印 数：1～6 000 册

定 价：25.00 元

前　言

　　"概率论与数理统计"通常是大学本科低年级的公共基础课，尽管部分同学在高中阶段接触过概率论的概念，但基本是作为排列组合的应用而学的。由于"概率论与数理统计"这一课程既有明显而广泛的应用背景，又有严密的理论分析，对初学者来说，往往比"微积分学"和"线性代数"等已学课程更难以理解和掌握，诸如互不相容、独立和等可能性等条件往往都隐含在问题的叙述中，导致学生觉得已经掌握了基本概念、基本理论和方法，但解题时又无从下手。针对这种困境，编者基于多年讲授该课程的经验和对学生学习过程的了解，编写了这本学习指导书，与教材《概率论与数理统计》(何春雄等编，2012年2月第一版)相配套，对应于该教材的第一至八章。指导书的每章都由基本内容、基本要求、基本知识提要、疑难分析、典型例题选讲及习题详解六部分组成，以帮助学生掌握基本概念、基本理论和方法，培养学生运用该课程知识解决有关实际问题的能力。

　　本书的初稿由蒋金山(第一、二章)、王帅灵(第三、四章)、陆子强(第五章)、匡锐(第六章)和朱锋峰(第七、八章)等编写，由何春雄统稿和定稿。由于编者的水平有限，疏误之处在所难免，敬请读者批评指正。

编　者

2018年1月于广州五山

目　录

第一章　随机事件与概率

一、基本内容

随机事件与样本空间,事件之间的关系与运算,概率的概念和基本性质,古典概率,几何概率,条件概率,与条件概率有关的三个公式,事件的独立性,伯努利(Bernoulli)试验模型.

二、基本要求

(1)理解随机事件的概念,了解样本空间的概念,掌握事件之间的关系与运算.

(2)了解概率的统计定义与公理化定义,掌握概率的基本性质.

(3)会计算古典概型的概率和几何概型的概率.

(4)理解条件概率的定义.

(5)掌握概率的加法公式、乘法公式,会应用全概率公式和贝叶斯(Bayes)公式.

(6)理解独立性的概念,掌握应用事件独立性进行概率计算.

(7)了解独立重复试验概型,掌握计算有关事件概率的方法,熟悉二项概率公式的应用.

三、基本知识提要

(一)排列组合初步

1. 排列组合公式

$A_n^m = \dfrac{n!}{(n-m)!}$,从 n 个不同的数字中挑出 m 个数字进行排列的方案数.

$\dbinom{n}{m} = \dfrac{n!}{m!(n-m)!}$,从 n 个不同的数字中挑出 m 个数字的方案数.

2. 加法原理

某件事可用两类方法来完成,第一类有 n 种方法,第二类有 m 种方法,则完成这件事的方法有 $m+n$ 种.

3. 乘法原理

某件事需经两个步骤来完成,第一个步骤有 n 种方法,第二个步骤有 m 种方法,则完成这件事的方法有 $n \times m$ 种.

(二)随机试验、随机事件及其运算

1. 随机试验和随机事件

如果一个试验在相同条件下可以重复进行,试验的可能结果试验前已知,但在一次试验结束之前却不能断言将出现哪个结果,则称这种试验为随机试验(简称试验). 试验的结果称为随机事件(简称事件). 对于事件的一个集合 Ω,如果每次试验有且仅有其中的一个事件出现(或发生),则称 Ω 为样本空间或基本事件空间,而称 Ω 中的每个事件为样本点或基本事件. 一般的事件为样本空间的一个子集.

2. 事件的关系与运算

1)关系

包含:每次试验中,若事件 A 发生必有事件 B 发生,则称事件 B 包含事件 A,记作 $A \subset B$. 此时事件 A 包含的样本点都属于事件 B.

相等:若 $A \subset B$ 且 $B \subset A$,则称事件 A 与事件 B 相等,记作 $A = B$.

互不相容:若事件 A 与事件 B 不可能同时发生,则称 A 与 B 互不相容或者互斥. 基本事件之间都是互不相容的.

2)基本运算与算律

事件的和(或并):A,B 中至少有一个发生的事件,记作 $A \bigcup B$. 它由属于 A 或 B 的样本点构成.

事件的积(或交):A,B 同时发生的事件,记作 $A \bigcap B$ 或者 AB. 它由同时属于 A 和 B 的样本点构成. $A \bigcap B = \varnothing$,则表示 A 与 B 互不相容或者互斥.

事件的差:A 发生而 B 不发生的事件,记为 $A \backslash B$ 或 $A - B$,也可表示为 $A - AB$ 或者 $A\bar{B}$,它由属于 A 而不属于 B 的样本点构成.

事件的对立:A 不发生的事件,也称为事件 A 的逆事件,记为 $\bar{A}$,它由不属于 A 的样本点构成. 两个事件互斥未必对立.

结合律:$A(BC) = (AB)C, A \bigcup (B \bigcup C) = (A \bigcup B) \bigcup C$.

交换律:$A \bigcup B = B \bigcup A, A \bigcap B = B \bigcap A$.

分配律:$(AB) \bigcup C = (A \bigcup C) \bigcap (B \bigcup C),(A \bigcup B) \bigcap C = (AC) \bigcup (BC)$.

德摩根(De Morgan)律:$\overline{A \bigcup B} = \bar{A} \bigcap \bar{B}, \overline{A \bigcap B} = \bar{A} \bigcup \bar{B}$. 一般地,有

$$\overline{\bigcup_{i=1}^{n} A_i} = \bigcap_{i=1}^{n} \bar{A}_i, \overline{\bigcap_{i=1}^{n} A_i} = \bigcup_{i=1}^{n} \bar{A}_i, n \text{ 可取 } \infty.$$

(三)概率的定义和性质

1. 概率的公理化定义

事件域:人们研究随机现象时所感兴趣的事件集合. 由于事件经运算后仍为事件,自然要求该集合对事件的运算封闭,即其中的事件经运算之后仍然在该集合中.

事件域的一般性定义:设 Ω 是样本空间,F 是 Ω 的一些子集所构成的集合(类或族),如果满足下列条件:

(1)$\Omega \in F$;

(2)若 $A \in F$,则 $\overline{A} \in F$;

(3)若 $A_i \in F$,$i = 1,2,\cdots$,则 $\bigcup\limits_{i=1}^{\infty} A_i \in F$.

则称 F 为事件域,并称 F 中的元素(Ω 的某个子集)为事件.

概率的公理化定义:设 Ω 为样本空间,对事件域 F 中的每一个事件 A 都有一个实数 $P(A)$ 与之相对应,若满足下列三个条件:

(1)$0 \leqslant P(\cdot) \leqslant 1$;

(2)$P(\Omega) = 1$;

(3)对于两两互不相容的事件 A_1,A_2,$\cdots$,有

$$P\left(\bigcup_{i=1}^{\infty} A_i\right) = \sum_{i=1}^{\infty} P(A_i) \text{(这个条件常称为可列(完全)可加性)},$$

则称 P 为 (Ω,F) 上的概率或概率测度.

由概率的公理化定义可以推导出概率的以下性质:

(1)$0 \leqslant P(A) \leqslant 1$;

(2)$P(\Omega) = 1$;

(3)有限可加性:

对互不相容的事件 A_1,A_2,$\cdots A_n$,有 $P\left(\bigcup\limits_{k=1}^{n} A_k\right) = \sum\limits_{k=1}^{n} P(A_k)$;

(4)$P(\varnothing) = 0$;

(5)$P(\overline{A}) = 1 - P(A)$;

(6)$P(A - B) = P(A) - P(AB)$,

若 $B \subset A$,则 $P(A - B) = P(A) - P(B)$,$P(A) \geqslant P(B)$;

(7)$P(A \cup B) = P(A) + P(B) - P(AB)$;

(8)$P(A \cup B \cup C) = P(A) + P(B) + P(C) - P(AB) - P(AC) - P(BC) + P(ABC)$;

(9)连续性:若 $A_1 \subset A_2 \subset \cdots \subset A_n \subset \cdots$,则 $P\left(\bigcup\limits_{i=1}^{\infty} A_i\right) = \lim\limits_{i \to \infty} P(A_n)$(下连续性);若

$A_1 \supset A_2 \supset \cdots A_n \supset \cdots$,则 $P\left(\bigcap\limits_{i=1}^{\infty} A_i\right) = \lim\limits_{i \to \infty} P(A_n)$(上连续性);

下连续性的证明:

由于 $A_1 \subset A_2 \subset \cdots \subset A_n \subset \cdots$ 有 A_1,$(A_2 \backslash A_1)$,$(A_3 \backslash A_2)$,$\cdots$,$(A_n \backslash A_{n-1})$,$\cdots$ 互不相容,且

$$\bigcup_{i=1}^{\infty} A_i = A_1 \bigcup (A_2 \backslash A_1) \bigcup (A_3 \backslash A_2) \bigcup \cdots \bigcup (A_n \backslash A_{n-1}) \bigcup \cdots$$

从而,由概率的可列可加性有

$$P\Big(\bigcup_{i=1}^{\infty} A_i\Big) = P(A_1) + P(A_2\setminus A_1) + P(A_3\setminus A_2) + \cdots + P(A_n\setminus A_{n-1}) + \cdots$$

$$= \lim_{n\to\infty}\big[P(A_1) + P(A_2) - P(A_1) + P(A_3) - P(A_2) + \cdots + P(A_n) - P(A_{n-1})\big]$$

$$= \lim_{n\to\infty} P(A_n).$$

利用德摩根律可以证明概率的上连续性. 概率的上连续性对于理解第二章分布函数的右连续性有帮助.

2. 古典概型(等可能概型)

1)样本空间有限性: $\Omega = \{\omega_1, \omega_2, \cdots, \omega_n\}$;

2)基本事件等可能性: $P(\omega_1) = P(\omega_2) = \cdots = P(\omega_n) = \dfrac{1}{n}$.

对任一事件 A, 设它是由 $\omega_1, \omega_2, \cdots, \omega_m$ 组成的, 则有

$$P(A) = P(\{\omega_1\}\bigcup\{\omega_2\}\bigcup\cdots\bigcup\{\omega_m\})$$

$$= P(\{\omega_1\}) + P(\{\omega_2\}) + \cdots + P(\{\omega_m\})$$

$$= \frac{m}{n} = \frac{A\text{ 所包含的基本事件数}}{\text{基本事件总数}}.$$

3. 几何概型

若试验是往区域 Ω 上投点, 投点落在 Ω 的任意子区域 G 的概率与 G 的测度(长度、面积、体积等)成正比, 而与其位置及形状无关, 则"随机点落在 Ω 中子区域 A 中"这一事件 A 发生的概率定义为

$$P(A) = \frac{A\text{ 的测度}}{\Omega\text{ 的测度}}.$$

4. 常用公式(加法、减法、乘法、全概率、贝叶斯)

1)加法公式

$P(A\bigcup B) = P(A) + P(B) - P(AB)$; 当 A 与 B 互斥时, $P(A\bigcup B) = P(A) + P(B)$.

2)减法公式

$P(A - B) = P(A) - P(AB)$;

当 $B\subset A$ 时, $P(A - B) = P(A) - P(B)$;

当 $A = \Omega$ 时, $P(\bar{B}) = 1 - P(B)$.

3)条件概率和乘法公式

设 A, B 是两个事件, 且 $P(A) > 0$, 则称 $\dfrac{P(AB)}{P(A)}$ 为事件 A 发生条件下事件 B 发生的条件概率, 记为 $P(B|A)$.

古典概型下条件概率的计算可用缩减样本空间法, 即样本空间由 Ω 缩减为 A.

条件概率也是一种概率, 一般概率的所有性质都适合于条件概率. 例如,

$$P(\Omega|A) = 1 \Rightarrow P(\bar{B}|A) = 1 - P(B|A).$$

乘法公式: $P(AB) = P(A)P(B|A)$

一般地, 对事件 $A_1, A_2, \cdots, A_n$, 若 $P(A_1 A_2 \cdots A_{n-1}) > 0$, 则有

$$P(A_1 A_2 \cdots A_n) = P(A_1)P(A_2|A_1)P(A_3|A_1 A_2)\cdots P(A_n|A_1 A_2\cdots A_{n-1}).$$

4）全概率公式

设事件 $B_1,B_2,\cdots,B_n(n$ 可取 $\infty)$ 满足：

(1) $B_1,B_2,\cdots,B_n$ 两两互不相容，$P(B_i)\geqslant0(i=1,2,\cdots,n)$；

(2) $A\subset\bigcup\limits_{i=1}^{n}B_i$，

则有

$$P(A)=P(B_1)P(A|B_1)+P(B_2)P(A|B_2)+\cdots+P(B_n)P(A|B_n).$$

如果 $B_1,B_2,\cdots,B_n$ 两两互不相容，$P(B_i)\geqslant0(i=1,2,\cdots,n)$，且 $\bigcup\limits_{i=1}^{n}B_i=\Omega$，则称 $B_1,B_2,\cdots,B_n$ 为样本空间 Ω 的一个划分．

5）贝叶斯公式

设事件 $B_1,B_2,\cdots,B_n(n$ 可取 $\infty)$ 及 A 满足

(1) $B_1,B_2,\cdots,B_n$ 两两互不相容，$P(B_i)\geqslant0(i=1,2,\cdots,n)$；

(2) $A\subset\bigcup\limits_{i=1}^{n}B_i,P(A)>0$，则

$$P(B_i|A)=\frac{P(B_i)P(A|B_i)}{\sum\limits_{j=1}^{n}P(B_j)P(A|B_j)},\quad i=1,2,\cdots,n.$$

$P(B_i)(i=1,2,\cdots,n)$，通常称为先验概率（试验 A 发生之前的概率）．$P(B_i|A)$ $(i=1,2,\cdots;n)$，通常称为后验概率（试验 A 发生之后的概率）．如果我们把 A 当作观察的"结果"，而把 $B_1,B_2,\cdots,B_n$ 理解为"原因"，则贝叶斯公式反映了"因果"的概率规律，并做出了"由果溯因"的推断．

5. 事件的独立性和伯努利试验

1）两个事件的独立性

设事件 A,B 满足 $P(AB)=P(A)P(B)$，则称事件 A,B 相互独立．

若事件 A,B 相互独立，且 $P(A)>0$，则有

$$P(B|A)=\frac{P(AB)}{P(A)}=\frac{P(A)P(B)}{P(A)}=P(B).$$

因此，这与我们直观上所理解的独立性是一致的，即 A 和 B 是否发生互不影响．

若事件 A,B 相互独立，则可得到 $\overline{A}$ 与 B、A 与 $\overline{B}$、$\overline{A}$ 与 $\overline{B}$ 也都相互独立，这可根据概率性质和独立性定义证明．

由定义，我们可知必然事件 Ω 和不可能事件 $\varnothing$ 与任何事件都相互独立；另外，$\varnothing$ 还与任何事件都互斥．

务必注意事件的独立性和互斥性的区别．

2）多个事件的独立性

设 A,B,C 为三个事件，若满足两两独立的条件，

$$P(AB)=P(A)P(B),P(BC)=P(B)P(C),P(CA)=P(C)P(A),$$

并且同时满足

$$P(ABC)=P(A)P(B)P(C),$$

则称 A,B,C 相互独立．

对于 n 个事件可类似定义独立性. 值得注意的是,对于 n 个事件,若两两独立,未必相互独立. 要验证 n 个事件的相互独立性,必须验证 n 个事件中任意 $k(2 \leqslant k \leqslant n)$ 个事件同时发生的概率等于各自概率的乘积.

(3)伯努利试验模型

现实中遇到的大量随机试验都是可以重复进行的,且各次试验出现何种结果互不影响,由这种随机现象可以建立独立试验模型,在该模型中利用事件的独立性,有关事件的概率容易计算. 特别地,如果每次试验的结果只有两个,这样的独立重复试验模型称为伯努利试验模型.

做 n 次试验,且满足:

①每次试验只有两种可能结果,A 发生或 A 不发生;

②n 次试验是重复进行的,即 A 发生的概率每次都一样;

③各次试验是独立的,即每次试验 A 发生与否与其他次试验 A 发生与否互不影响,这种试验称为伯努利试验模型(伯努利概型),或称为 n 重独立伯努利试验.

若用 p 表示每次试验 A 发生的概率,则 $\overline{A}$ 发生的概率为 $q = 1 - p$,用 $P_n(k)$ 表示 n 重独立伯努利试验中 A 出现 $k(0 \leqslant k \leqslant n)$ 次的概率,则

$$P_n(k) = \binom{n}{k} p^k q^{n-k}, \quad k = 0,1,\cdots,n.$$

四、疑难分析

1. 必然事件与不可能事件

必然事件是每次试验必然发生的事件,不可能事件是每次试验都不发生的事件. 它们都不具有随机性,是确定性的结果,但为叙述方便,把它们也看作随机事件.

2. 互逆事件与互斥(互不相容)事件

如果两个事件 A 与 B 必有一个事件发生,且至多有一个事件发生,则 A,B 为互逆事件;如果两个事件 A 与 B 不能同时发生,则 A,B 为互斥事件. 因而,互逆必定互斥,互斥未必互逆. 区别两者的关键是当两个事件之和为必然事件且互斥时,两事件才互逆;而互斥的两个事件之和未必为必然事件. 作为互斥事件在一次试验中两者可以都不发生,而互逆事件必发生一个且只发生一个.

3. 两事件独立与两事件互斥

两事件 A,B 独立,则 A 与 B 中任一个事件的发生与另一个事件的发生互不影响,这时 $P(AB) = P(A)P(B)$;而若两事件互斥,则其中任一个事件的发生必然是另一个事件不发生,这两事件的发生是有影响的,这时 $AB = \varnothing$,$P(AB) = 0$.

4. 条件概率 $P(A|B)$ 与乘积事件概率 $P(AB)$

$P(AB)$ 是在样本空间 Ω 内事件 AB 的概率,而 $P(A|B)$ 是在试验 E 增加了新条件 B 发生后的缩减的样本空间 Ω_B 中计算事件 A 的概率. 虽然 A,B 都发生,但两者是不同的. 一般说来,在概率计算中,当 A,B 同时发生时,常用 $P(AB)$,而在有包含关系或明确的主从关系时,用 $P(A|B)$. 例如,袋中有 9 个白球 1 个红球,进行不放回抽样,每次任

取一球,取 2 次,求:(1)第二次才取到白球的概率;(2)第一次取到的是白球的条件下,第二次取到白球的概率. 那么,问题(1)是一个求乘积事件概率的问题,而问题(2)是一个求条件概率的问题.

5. 全概率公式与贝叶斯公式

当要求概率的事件为许多不同因素引发的某种结果,而该结果又不易看出是诸多事件之和时,可考虑用全概率公式. 在对样本空间进行划分时,一定要注意它必须满足的两个条件. 贝叶斯公式用于所关心的结果已发生,反向追查每种原因(情况、条件)引发该结果发生的概率.

五、典型例题选讲

例 1.1 写出以下随机试验的样本空间:

(1)记录一个教学班一次概率论课程考试的平均分数(以百分制记分);

(2)生产产品直到得到 200 件正品,记录生产产品的总件数;

(3)对某工厂出厂的产品进行检查,合格的盖上"正品",不合格的盖上"次品",如连续查出两个次品就停止检查,或检查 4 个产品就停止检查,记录检查的结果.

解 (1)$\Omega = \left\{ \dfrac{0}{n}, \dfrac{1}{n}, \cdots, \dfrac{n \times 100}{n} \right\}$,$n$ 表示教学班人数.

(2)$\Omega = \{200, 201, 202, \cdots, n, \cdots\}$.

(3)检查出合格品记为"1",检查出次品记为"0",连续出现两个"0"就停止检查,或检查 4 次就停止检查,则

$\Omega = \{00, 100, 0100, 0101, 1010, 0110, 1100, 0111, 1011, 1101, 1110, 1111\}$.

例 1.2 设 A, B, C 为三个事件,用 A, B, C 的运算关系表示下列事件:

(1)A 发生,B 与 C 不发生.

(2)A, B 都发生,而 C 不发生.

(3)A, B, C 中至少有一个发生.

(4)A, B, C 都发生.

(5)A, B, C 都不发生.

(6)A, B, C 中不多于一个发生,即 A, B, C 中至少有两个不发生.

(7)A, B, C 中不多于两个发生.

(8)A, B, C 中至少有两个发生.

解 (1)$A\bar{B}\bar{C}$ 或 $A - (AB \cup AC)$ 或 $A - (B \cup C)$.

(2)$AB\bar{C}$ 或 $AB - ABC$ 或 $AB - C$.

(3)$A \cup B \cup C$.

(4)ABC.

(5)$\bar{A}\bar{B}\bar{C}$ 或 $\Omega - (A \cup B \cup C)$ 或 $\overline{A \cup B \cup C}$.

(6)这种结果就是 $\bar{A}\bar{B}, \bar{B}\bar{C}, \bar{A}\bar{C}$ 中至少有一个发生,故表示为 $\bar{A}\bar{B} \cup \bar{B}\bar{C} \cup \bar{A}\bar{C}$.

(7)这种结果就是 $\bar{A}, \bar{B}, \bar{C}$ 中至少有一个发生,故可表示为 $\bar{A} \cup \bar{B} \cup \bar{C}$ 或 $\overline{ABC}$.

(8)这种结果就是 AB,BC,AC 中至少有一个发生,故表示为 $AB \cup BC \cup AC$.

例 1.3 某涂料经销商发出 20 桶涂料,其中白色 10 桶、黑色 7 桶、红色 3 桶. 在搬运中颜色标记脱落,交货人随意将这些标记重新贴上. 问:一个订货 4 桶白色、3 桶黑色和 2 桶红色涂料的顾客,按所订的颜色如数得到订货的概率是多少?

解 记所求事件为 A,在 20 桶中任取 9 桶的取法有 $\binom{20}{9}$ 种,且每种取法等可能. 取得 4 白 3 黑 2 红的取法有 $\binom{10}{4} \times \binom{7}{3} \times \binom{3}{2}$ 种,所以

$$P(A) = \frac{\binom{10}{4}\binom{7}{3}\binom{3}{2}}{\binom{20}{9}}.$$

例 1.4 把 n 个不同的球随机地放入 $N(N \geqslant n)$ 个盒子中,求下列事件的概率:

(1)某指定的 n 个盒子中各有一个球.

(2)任意 n 个盒子中各有一个球.

(3)指定的某个盒子中恰有 $m(m \leqslant n)$ 个球.

解 这是古典概率的一个典型问题,许多古典概率的计算问题都可归结为这一类型. 每个球都有 N 种放法,n 个球共有 N^n 种不同的放法. "某指定的 n 个盒子中各有一个球"相当于 n 个球在 n 个盒子中的全排列. 与问题(1)相比,问题(2)等同于先在 N 个盒子中选 n 个盒子,再放球;问题(3)等同于先从 n 个球中取 m 个放入某指定的盒中,再把剩下的 $n-m$ 个球放入 $N-1$ 个盒中.

样本空间中所含的样本点数为 N^n.

(1)该事件所含的样本点数是 $n!$,故 $p = \dfrac{n!}{N^n}$,

(2)在 N 个盒子中选 n 个盒子有 $\binom{N}{n}$ 种选法,故所求事件的概率为 $p = \dfrac{\binom{N}{n}n!}{N^n}$.

(3)从 n 个球中取 m 个有 $\binom{n}{m}$ 种选法,剩下的 $n-m$ 个球中的每一个球都有 $N-1$ 种放法,故所求事件的概率为 $p = \dfrac{\binom{n}{m}(N-1)^{n-m}}{N^n}$.

例 1.4 与著名的"生日问题"相似.

例 1.5 设事件 A 与 B 互不相容,且 $P(A) = p$,$P(B) = q$,求下列事件的概率:$P(AB)$,$P(A \cup B)$,$P(A\bar{B})$,$P(\overline{AB})$.

解 按概率的性质进行计算.

由于 A 与 B 互不相容,所以,

$$AB = \varnothing, P(AB) = 0, P(A \cup B) = P(A) + P(B) - P(AB) = p + q.$$

由于 A 与 B 互不相容,这时 $A\bar{B} = A$,从而 $P(A\bar{B}) = P(A) = p$. 由于 $\overline{AB} = \bar{A} \cup \bar{B}$,从而

$$P(\overline{AB}) = P(\bar{A} \cup \bar{B}) = 1 - P(A \cup B) = 1 - (p + q).$$

例 1.6　从 50 个铆钉中随机地取出 30 个用在 10 个部件上,其中有 3 个铆钉强度太弱,每个部件用 3 个铆钉,若将 3 个强度太弱的铆钉都装在一个部件上,则这个部件强度就太弱.问:发生一个部件强度太弱的概率是多少?

解　用古典概型求解.记 A = "10 个部件中有 1 个部件强度太弱".

解法一　把随机试验 E 看作是用 3 个钉一组,3 个钉一组去铆完 10 个部件(在 3 个钉的一组中不分先后次序.但 10 组钉铆完 10 个部件要分先后次序).

对 E:铆法有 $\binom{50}{3} \times \binom{47}{3} \times \cdots \times \binom{23}{3}$ 种,每种装法等可能.

对 A:3 个强度太弱的铆钉同时铆在一个部件上.这种铆法有 $\left[\binom{47}{3} \times \cdots \times \binom{23}{3}\right] \times 10$ 种.所以

$$P(A) = \frac{\left[\binom{47}{3}\binom{44}{3}\cdots\binom{23}{3}\right] \times 10}{\binom{50}{3}\binom{47}{3}\cdots\binom{23}{3}} = \frac{1}{1\,960} = 0.000\,51.$$

解法二　把试验 E 看作是在 50 个钉中任选 30 个钉排成一列,顺次钉下去,直到把部件铆完.(铆钉要计先后次序)

对 E:铆法有 A_{50}^{30} 种,每种铆法等可能.

对 A:3 个强度太弱的钉必须铆在"1,2,3"位置上或"4,5,6"位置上,……或"28,29,30"位置上.这种铆法有 $A_3^3 \times A_{47}^{27} + A_3^3 \times A_{47}^{27} + \cdots + A_3^3 \times A_{47}^{27} = 10 \times A_3^3 \times A_{47}^{27}$ 种.所以

$$P(A) = \frac{10 \times A_3^3 \times A_{47}^{27}}{A_{50}^{30}} = \frac{1}{1\,960} = 0.000\,51.$$

例 1.7　某夫妇共有 3 个孩子,已知其中至少有 1 个是女孩,求至少有 1 个是男孩的概率(假设 1 个小孩为男或为女是等可能的).

分析　在已知"至少有 1 个是女孩"的条件下求"至少有 1 个是男孩"的概率,所以是条件概率问题.根据公式 $P(B|A) = \dfrac{P(AB)}{P(A)}$,必须求出 $P(AB)$,$P(A)$.

解　设 A = {至少有 1 个女孩},B = {至少有 1 个男孩},则 $\bar{A}$ = {3 个全是男孩},$\bar{B}$ = {3 个全是女孩},于是 $P(\bar{A}) = \dfrac{1}{2^3} = \dfrac{1}{8} = P(\bar{B})$,事件 AB 为"至少有 1 个女孩且至少有 1 个男孩",因为 $\overline{AB} = \bar{A} \cup \bar{B}$,且 $\bar{A}\bar{B} = \varnothing$,所以

$$P(AB) = 1 - P(\overline{AB}) = 1 - P(\bar{A} \cup \bar{B}) = 1 - (P(\bar{A}) + P(\bar{B}))$$

$$= 1 - \left(\frac{1}{8} + \frac{1}{8}\right) = \frac{3}{4}, \quad P(A) = 1 - P(\bar{A}) = \frac{7}{8}.$$

从而,在已知至少有 1 个为女孩的条件下,求至少有 1 个是男孩的概率为

$$P(B|A) = \frac{P(AB)}{P(A)} = \frac{6}{7}.$$

例 1.8　设有甲、乙两个袋子,甲袋中装有 a 只白球 b 只红球,乙袋中装有 N 只白球 M 只红球,今从甲袋中任取一球放入乙袋中,再从乙袋中任取一球.问:取到(即从乙袋中取到)白球的概率是多少?

解 记 A_1, A_2 分别为"从甲袋中取得白球、红球",记 B 为"再从乙袋中取得白球".由于 $B = A_1 B \cup A_2 B$ 且 A_1, A_2 互斥,所以

$$P(B) = P(A_1)P(B|A_1) + P(A_2)P(B|A_2)$$

$$= \frac{a}{a + b} \times \frac{N + 1}{N + M + 1} + \frac{b}{a + b} \times \frac{N}{N + M + 1}.$$

例 1.9 甲、乙两人约定在下午 1 时到 2 时之间到某站乘坐公共汽车,这段时间内共有 4 班公共汽车,开车时间分别为 1:15,1:30,1:45,2:00. 如果他们约定最多等一班车,求甲、乙同乘一班车的概率. 假定甲、乙两人到达车站的时刻是互相独立的,且每人在 1 时到 2 时的任何时刻到达车站是等可能的.

解 设 x, y ($1 \leqslant x \leqslant 2, 1 \leqslant y \leqslant 2$) 分别为甲、乙两人到达的时刻,$p$ 为甲、乙同乘一班车的概率,在最多等一班车的情况下,甲、乙同乘一班车包括三种情况:

设 A = "见车就上,甲乙同乘一班车",B = "甲先到达等一班车,与乙同乘一班车",C = "乙先到达等一班车,与甲同乘一班车",三个事件互不相容.

(1)见车就上,甲乙同乘一班车的情况如图 1.1a 所示,此时,

$$P(A) = \frac{\text{阴影部分面积}}{\text{正方形面积}} = \frac{4 \times \left(\frac{1}{4}\right)^2}{(2 - 1)^2} = \frac{1}{4}.$$

(2)甲先到达等一班车,与乙同乘一班车,如图 1.1b 所示,此时,

$$P(B) = \frac{\text{阴影部分面积}}{\text{正方形面积}} = \frac{3}{16}.$$

(3)乙先到达等一班车,与甲同乘一班车,图形与图 1.1b 相似,且概率与 $P(B)$ 相等.

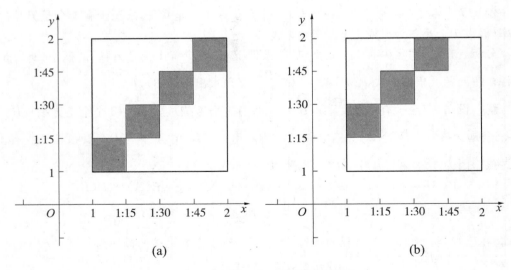

图 1.1 甲、乙两人到达时间示意图

综上所述,所求概率为 $p = P(A) + 2P(B) = \frac{1}{4} + 2 \times \frac{3}{16} = \frac{5}{8}.$

例 1.10 某电子设备制造厂所用的晶体管是由三家元件制造厂提供的．根据以往的记录有如表1.1所示的数据．

表 1.1 各制造厂产品所占比例与次品率

元件制造厂	次品率	生产晶体管数量占比
1	0.03	20%
2	0.04	70%
3	0.05	10%

设这三家工厂的产品在仓库中是均匀混合的，且无区别．

(1)在仓库中随机地取一只晶体管，求它是次品的概率．

(2)在仓库中随机地取一只晶体管，若已知取到的是次品，为分析此次品出自何厂，需求出此次品由三家工厂生产的概率分别是多少．试求这些概率．

分析 (1)事件"取出的一只晶体管是次品"可分解为下列三个事件的和："这只次品是1厂提供的""这只次品是2厂提供的""这只次品是3厂提供的"，这三个事件互不相容，可用全概率公式进行计算．一般地，当直接计算某一事件 A 的概率 $P(A)$ 比较困难，而 $P(B_i)$，$P(A|B_i)$ 比较容易计算，且 $\bigcup_{i=1}^{n} B_i = \Omega$ 时，可考虑用全概率公式计算 $P(A)$．

(2)此问题是求条件概率，可用贝叶斯公式进行计算．

解 设 A 表示"取到的是一只次品"，$B_i(i=1,2,3)$ 表示"所取到的产品是由第 i 家工厂提供的"．易知，$B_i(i=1,2,3)$ 是样本空间 Ω 的一个划分，且有

$$P(B_1) = 0.2, \quad P(B_2) = 0.7, \quad P(B_3) = 0.1,$$
$$P(A|B_1) = 0.03, \quad P(A|B_2) = 0.004, \quad P(A|B_3) = 0.05.$$

(1)由全概率公式有

$$P(A) = P(B_1)P(A|B_1) + P(B_2)P(A|B_2) + P(B_3)P(A|B_3) = 0.039.$$

(2)由贝叶斯公式有

$$P(B_1|A) = \frac{A(AB_1)}{P(A)} = \frac{P(B_1)P(A|B_1)}{P(A)} = \frac{2}{13},$$
$$P(B_2|A) = \frac{A(AB_2)}{P(A)} = \frac{P(B_2)P(A|B_2)}{P(A)} = \frac{28}{39},$$
$$P(B_3|A) = \frac{A(AB_3)}{P(A)} = \frac{P(B_3)P(A|B_3)}{P(A)} = \frac{5}{39}.$$

以上结果表明，这只次品来自第二家工厂的可能性最大．

例 1.11 某工厂的车床、钻床、磨床、刨床的台数之比为 $10:5:3:2$，它们在一定时间内需要修理的概率之比为 $2:3:4:1$．当有一台机床需要修理时，这台机床是车床的概率是多少？

解 设 $A_1 = \{$机床是车床$\}$，$A_2 = \{$机床是钻床$\}$，$A_3 = \{$机床是磨床$\}$，$A_4 = \{$机床是刨床$\}$，$B = \{$机床需要修理$\}$，则

$$P(A_1) = \frac{10}{20} = \frac{1}{2}, \quad P(A_2) = \frac{5}{20} = \frac{1}{4}, \quad P(A_3) = \frac{3}{20}, \quad P(A_4) = \frac{2}{20} = \frac{1}{10},$$

$$P(B|A_1) = \frac{2}{10} = \frac{1}{5}, \quad P(B|A_2) = \frac{3}{10}, \quad P(B|A_3) = \frac{4}{10} = \frac{2}{5}, \quad P(B|A_4) = \frac{1}{10}.$$

由贝叶斯公式得

$$P(A_1|B) = \frac{P(A_1)P(B|A_1)}{\sum\limits_{k=1}^{4} P(A_k)P(B|A_k)} = \frac{20}{49}.$$

例 1.12 某车间有 10 台同类型的设备,每台设备的电动机功率为 10 千瓦. 已知每台设备每小时实际开动 12 分钟,它们的使用是相互独立的. 由于某种原因,这天供电部门只能给车间提供 50 千瓦的电力. 问该天这 10 台设备能正常运行的概率是多少?

解 由题意知,所要求的概率就是求"该天同时开动的设备不超过 5 台"这一事件的概率. 因为各台设备的使用是相互独立的,且在某一时刻,设备只有开动与不开动两种情况,所以本题可视为 10 重伯努利试验,可用二项概率公式进行求解.

设 A 表示事件"设备开动",X 表示"同时开动的设备数",则由二项概率公式得

$$P(X = k) = \binom{10}{k}\left(\frac{1}{5}\right)^k \left(\frac{4}{5}\right)^{10-k}, \quad k = 0,1,2,\cdots,10.$$

同时开动不超过 5 台的概率为

$$P\{X \leqslant 5\} = P\{X = 0\} + P\{X = 1\} + \cdots + P\{P = 5\} \approx 0.994.$$

故该天这 10 台设备能正常运行的概率为 0.994.

例 1.13 甲、乙、丙三人在同一办公室工作,房间有三部电话,据统计知,打给甲、乙、丙的电话的概率分别为 0.5,0.3,0.2. 他们三人常因工作外出,甲、乙、丙三人外出的概率分别为 0.4,0.4,0.2,设三人的行动相互独立,求:

(1)无人接电话的概率.(2)被呼叫人在办公室的概率.(3)若某一时间段打进了 3 个电话,求这 3 个电话打给同一人的概率.(4)这 3 个电话打给不同人的概率.(5)这 3 个电话都打给乙,而乙不在的概率.

解 记 C_1, C_2, C_3 分别表示打给甲、乙、丙的电话,D_1, D_2, D_3 分别表示甲、乙、丙外出. 注意到 C_1, C_2, C_3 独立,且

$$P(C_1) = 0.5, P(C_2) = 0.3, P(C_3) = 0.2,$$

$$P(D_1) = P(D_2) = 0.4, P(D_3) = 0.2.$$

(1) $P(\text{无人接电话}) = P(D_1 D_2 D_3) = P(D_1)P(D_2)P(D_3)$

$$= 0.4 \times 0.4 \times 0.2 = 0.032.$$

(2)记 $G = $"被呼叫人在办公室",则 $G = C_1\overline{D_1} \bigcup C_2\overline{D_2} \bigcup C_3\overline{D_3}$,三种情况互斥,由概率的有限可加性与乘法公式有

$$P(G) = P(C_1\overline{D_1}) + P(C_2\overline{D_2}) + P(C_3\overline{D_3})$$

$$= P(C_1)P(\overline{D_1}|C_1) + P(C_2)P(\overline{D_2}|C_2) + P(C_3)P(\overline{D_3}|C_3)$$

$$= 0.5 \times 0.6 + 0.3 \times 0.6 + 0.2 \times 0.8 = 0.64.$$

上面的计算用到了这个事实:由于某人外出与否和来电话无关,故

$$P(\overline{D_k}|C_k) = P(\overline{D_k}), k = 1,2,3.$$

(3)记 H 为"这3个电话打给同一个人",则

$$P(H) = 0.5 \times 0.5 \times 0.5 + 0.3 \times 0.3 \times 0.3 + 0.2 \times 0.2 \times 0.2 = 0.16.$$

(4)记 R 为"这3个电话打给不同的人",则 R 是六种互斥情况的和,每种情况为打给甲、乙、丙的三个电话,每种情况的概率为 $0.5 \times 0.3 \times 0.2 = 0.03$,于是

$$P(R) = 6 \times 0.03 = 0.18.$$

(5)由于是知道每次打电话都给乙,其概率是1,所以每一次打电话给乙而乙不在的概率为0.4,且各次情况相互独立. 于是,

$$P(3 个电话都打给乙,而乙不在的概率) = 0.4^3 = 0.064 .$$

例 1.14 有朋友自远方来访,他乘公交车、乘高铁、自驾车、乘轮船来的概率分别为 $0.3, 0.2, 0.1, 0.4$. 如果他乘公交车、乘高铁、自驾车来的话,迟到的概率分别是 $\frac{1}{4}, \frac{1}{3}, \frac{1}{12}$,因水路顺畅乘轮船不会迟到. 结果他迟到了,那么,他乘公交车来的概率是多少?

解 用 A_1 表示"朋友乘公交车来",A_2 表示"朋友乘高铁来",A_3 表示"朋友自驾车来",A_4 表示"朋友乘轮船来",B 表示"朋友迟到了",则

$$P(A_1 \mid B) = \frac{P(A_1)P(B \mid A_1)}{\sum\limits_{k=1}^{4} P(A_k)P(B \mid A_k)} = \frac{1}{2} .$$

例 1.15 试举例说明由 $P(ABC) = P(A)P(B)P(C)$ 不能推出 $P(AB) = P(A)P(B)$ 成立.

解 设 $\Omega = \{\omega_1, \omega_2, \omega_3, \omega_4, \omega_5\}$,$P(\{\omega_1\}) = \frac{1}{64}$,$P(\{\omega_5\}) = \frac{18}{64}$,$P(\{\omega_2\}) = P(\{\omega_3\}) = P(\{\omega_4\}) = \frac{15}{64}$,$A = \{\omega_1, \omega_2\}$,$B = \{\omega_1, \omega_3\}$,$C = \{\omega_1, \omega_4\}$.
则

$$P(A) = P(B) = P(C) = \frac{1}{64} + \frac{15}{64} = \frac{1}{4} ,$$

$$P(ABC) = P(\{\omega_1\}) = \frac{1}{64} = P(A)P(B)P(C).$$

但是

$$P(AB) = P(\{\omega_1\}) = \frac{1}{64} \neq P(A)P(B) .$$

例 1.16 做一系列独立的试验,每次试验成功的概率为 p,求在成功 n 次之前已失败 m 次的概率.

解 用 A 表示"在成功 n 次之前已失败了 m 次",B 表示"在前 $n+m-1$ 次试验中失败了 m 次",C 表示"第 $n+m$ 次试验成功",则

$$P(A) = P(BC) = P(B)P(C) = \binom{n+m-1}{m} p^{n-1}(1-p)^m \cdot p$$

$$= \binom{n+m-1}{m} p^n (1-p)^m .$$

例 1.17 某数学家有两盒火柴,每盒都有 n 根火柴,每次用火柴时他在两盒中任取

一盒并从中抽出一根. 求他用完一盒时另一盒中还有 r 根火柴($1 \leqslant r \leqslant n$)的概率.

解　用 A_i 表示"甲盒中尚余 i 根火柴",用 B_j 表示"乙盒中尚余 j 根火柴",C,D 分别表示"第 $2n - r$ 次在甲盒取","第 $2n - r$ 次在乙盒取",$A_0 B_r C$ 表示取了 $2n - r$ 次火柴,且第 $2n - r$ 次是从甲盒中取的,即在前 $2n - r - 1$ 次在甲盒中取了 $n - 1$ 根,其余在乙盒中取. 所以

$$P(A_0 B_r C) = \binom{2n - r - 1}{n - 1} \left(\frac{1}{2}\right)^{n-1} \cdot \left(\frac{1}{2}\right)^{n-r} \cdot \frac{1}{2}.$$

由对称性知 $P(A_r B_0 D) = P(A_0 B_r C)$,所求概率为

$$P(A_0 B_r C \cup A_r B_0 D) = 2P(A_0 B_r C) = \binom{2n - r - 1}{n - 1} \left(\frac{1}{2}\right)^{2n-r-1}.$$

六、习题详解

1.1　试对下列随机试验写出相应的样本空间:

(1)将一枚骰子掷两次,分别观测朝上一面出现的点数.

(2)观察某商店一天中到达的顾客数.

(3)在一批灯管中任意抽取一只,测试它的寿命.

(4)在区间 $\{a, b\}$ 中随机地取两个数字.

解　(1) $\Omega = \{(i, j) \mid i, j = 1, 2, 3, 4, 5, 6\}$.

(2) $\Omega = \{0, 1, 2, 3, \cdots\}$.

(3) $\Omega = [0, +\infty)$.

(4) $\Omega = \{(x, y)) \mid x, y \in [a, b]\}$.

1.2　一个袋中装有 12 个球,分别标有号码 1 至 12,现从中任取一球. 试写出样本空间 Ω,并用样本点表示如下事件:

$A = \{$所取出球的号码为奇数$\}$.

$B = \{$所取出球的号码不大于 8$\}$.

$C = \{$所取出球的号码为 3 的倍数$\}$.

解　$\Omega = \{1, 2, 3, 4, 5, 6, 7, 8, 9, 10, 11, 12\}$,$A = \{1, 3, 5, 7, 9, 11\}$,$B = \{1, 2, 3, 4, 5, 6, 7, 8\}$,$C = \{3, 6, 9, 12\}$.

1.3　设 A, B, C 为三个事件,用 A, B, C 的运算关系表示下列各事件:

(1)仅 A 发生.

(2)至少有一个事件发生.

(3)恰有两个事件发生.

解　(1) $A\bar{B}\bar{C}$.

(2) $A \cup B \cup C$ 或 $\overline{\bar{A}\bar{B}\bar{C}}$ 或 $A\bar{B}\bar{C} \cup \bar{A}B\bar{C} \cup \bar{A}\bar{B}C \cup AB\bar{C} \cup \bar{A}BC \cup A\bar{B}C \cup ABC$.

(3) $AB\bar{C} \cup \bar{A}BC \cup A\bar{B}C$.

1.4　令事件 $A_i =$ "第 i 次击中目标",$i = 1, 2, 3, 4, 5$. 令事件 $B_i =$ "5 次射击中恰有 i 次击中目标",$i = 0, 1, 2, 3, 4, 5$. 试给出下列各对事件的关系:

(1) $\bigcup\limits_{i=1}^{5} A_i$ 与 $\bigcup\limits_{i=1}^{5} B_i$.

(2) B_0 与 $\bigcup\limits_{i=1}^{5} A_i$.

(3) B_2 与 $A_1 A_2 \overline{A}_3 A_4 \overline{A}_5$.

(4) B_1 与 B_2.

解 (1) $\bigcup\limits_{i=1}^{5} A_i = \bigcup\limits_{i=1}^{5} B_i$.

(2) B_0 与 $\bigcup\limits_{i=1}^{5} A_i$ 互为逆事件,即 $\overline{B}_0 = \bigcup\limits_{i=1}^{5} A_i$.

(3) $A_1 A_2 \overline{A}_3 A_4 A_5 \subset \overline{B}_2$.

(4) B_1 与 B_2 互不相容,即 $B_1 \bigcap B_2 = \varnothing$.

1.5 设样本空间 $\Omega = \{\omega_1, \omega_2, \cdots, \omega_{10}\}, A = \{\omega_1, \omega_3, \omega_5, \omega_6\}, B = \{\omega_1, \omega_2, \omega_4, \omega_5, \omega_6, \omega_8\}, C = \{\omega_6, \omega_8, \omega_9, \omega_{10}\}$. 求:

(1) $\overline{A} \bigcap B$.

(2) $B \backslash \overline{A} \bigcap \overline{C}$.

解 (1) $\overline{A} \bigcap B = \{\omega_2, \omega_4, \omega_8\}$.

(2) $B \backslash (\overline{A} \bigcap \overline{C}) = B \backslash (A \bigcup C) = (\omega_2, \omega_4)$.

1.6 化简事件:

(1) $B \backslash (\overline{A} \bigcup \overline{B})$.

(2) $(\overline{A} \bigcup B) \bigcap (A \bigcup B)$.

解 (1) $B \backslash (\overline{A} \bigcup \overline{B}) = B \bigcap (\overline{\overline{A} \bigcup \overline{B}}) = \overline{A}B$.

(2) $(\overline{A} \bigcup B) \bigcap (A \bigcup B) = (\overline{\overline{A} \bigcup B}) \bigcup (\overline{A \bigcup B}) = A\overline{B} \bigcup \overline{A}B = \overline{B}$.

1.7 设盒中有 6 个白球、4 个红球,现从盒中任抽 4 个球. 求取到两个红球两个白球的概率.

解 本题用古典概型,设基本事件为"从盒中取 4 个球的任何一种取法",记 $A = \{$取到两个红球两个白球$\}$,根据题意有

$$P(A) = \frac{\binom{6}{2}\binom{4}{2}}{\binom{10}{4}} = \frac{3}{7}.$$

1.8 设盒中有 6 个白球、4 个红球、5 个黑球,现从盒中任抽 4 个球,求取到两个红球两个白球的概率.

解 本题用古典概型,设基本事件为"从盒中取 4 个球的任何一种取法",记 $A = \{$取到两个红球两个白球$\}$,根据题意有

$$P(A) = \frac{\binom{6}{2}\binom{4}{2}}{\binom{15}{4}} = \frac{6}{91}.$$

1.9　同时抛掷两颗均匀骰子,求事件 $A=\{$两颗骰子出现的点数之和为 6$\}$ 的概率.

解　用古典概型求解. 设基本事件为"同时抛掷两颗均匀的骰子的任何一种结果",则样本空间为 $\Omega=\{(i,j)\,|\,i,j=1,2,3,4,5,6\}$,$A=\{(1,5),(2,4),(3,3),(4,2),(5,1)\}$,$P(A)=\dfrac{5}{36}$.

1.10　设盒中有 6 个白球、4 个红球、10 个黑球,现不放回地从袋中把球一个一个地摸出,求第 k 次摸到红球的概率.

解法一　将 6 个白球 4 个红球及 10 个黑球都看作是各不相同的(可设想已对它们进行编号,第 1 号到第 6 号是白球,第 7 号到第 10 号是红球,第 11 号到第 20 号是黑球). 若将 20 个球一一取出放到一直线的 20 个位置上,第 1 位置放的球共有 20 种方式,第 2 位置放的球就只有 19 种方式……到第 20 个位置,就只能放袋中剩的唯一的球. 于是,出现的不同排列共有 $20\times19\times\cdots\times1=20!$ 种,这可看作是样本空间的样本点总数.

若将第 k 次取出的为红球(即第 k 位置上放的是红球)这一事件记作 A,则 A 的样本点总数为 $4\times19!$,这是因为第 k 位置放红球,有 4 种不同方式,而其余位置共 19 个,不同的放法是 $19!$,故所求概率为

$$P(A)=\frac{4\times19!}{20!}=\frac{4}{20}=\frac{1}{5}=0.2.$$

解法二　把 6 个白球 4 个红球及 10 个黑球分别看作没有区别(亦即不对球做编号处理),仍将这 20 个球从袋中一一取出并顺次放到一直线的 20 个位置上,由于未曾编号,故每个结果是两类元素(红球、非红球(白或黑球))的排列. 这样,可算出样本点总数是两类元素的排列数,为 $\dbinom{20}{4}$,即 4 个红球在 20 个位置上不同放法的总数. 而事件 A 包含的样本点总数应为 $\dbinom{19}{3}$,这是因为第 k 位置放一个红球,而其余 3 个红球在 19 个位置任选 3 个位置,所以

$$P(A)=\frac{\dbinom{19}{3}}{\dbinom{20}{4}}=\frac{4}{20}=0.2.$$

注意:所求概率与 k 无关,例如,在体育比赛中进行抽签时,抽出结果与抽签的先后顺序无关,机会是均等的.

1.11　从 5 双不同尺码的鞋子中任取 4 只,4 只鞋子中至少有 2 只配成一双的概率是多少?

解法一　把从 5 双(10 只)中任取 4 只每一种取法看成一个基本事件,则总的基本事件数为 $\dbinom{10}{4}=210$,事件"4 只鞋子至少有 2 只配成一双"包含的基本事件数为 $\dbinom{5}{2}+\dbinom{5}{1}\dbinom{8}{1}\dbinom{6}{1}\div2=130$,所以 $P(4$ 只鞋子至少有 2 只配成一双$)=\dfrac{130}{210}=\dfrac{13}{21}$.

解法二　把从 5 双(10 只)中任取 4 只每一种取法看成一个基本事件,则总的基本

事件数为 $\binom{10}{4} = 210$，事件"4 只鞋子至少有 2 只配成一双"包含的基本事件数为 $\binom{5}{1}\binom{8}{2} - \binom{5}{2} = 130$；所以 $P(4$ 只鞋子至少有 2 只配成一双$) = \dfrac{130}{210} = \dfrac{13}{21}$，其中 $\binom{5}{2}$ 为重复计算的事件数量．

解法三 用 A 表示"4 只鞋中至少有 2 只配成一双"，则 $\bar{A}$ 表示"4 只都不配对．从 10 只中任取 4 只，取法有 $\binom{10}{4} = 210$ 种，每种取法等可能．要 4 只都不配对，可在 5 双中任取 4 双，再在 4 双中的每一双里任取一只，取法有 $\binom{5}{4} \times 2^4$ 种，所以

$$P(\bar{A}) = \frac{\binom{5}{4} \times 2^4}{\binom{10}{4}} = \frac{8}{21}, \quad P(A) = 1 - P(\bar{A}) = 1 - \frac{8}{21} = \frac{13}{21}.$$

1.12 已知 10 只电子管中有 7 只正品和 3 只次品，每次任意抽取 1 只来测试，测后不放回，直至把 3 个次品都测到为止．求需要测 7 次的概率．

解法一 把 10 只电子管看成两种颜色的球，3 白 7 黑，从 10 个位置中选 3 个放白球的放法有 $\binom{10}{3}$ 种，依题意白球只能放前 7 个位置，且第 7 个位置只能放白球，则白球的放法有 $\binom{6}{2}$，因此所求概率为

$$P = \frac{\binom{6}{2}}{\binom{10}{3}} = \frac{15}{120} = \frac{1}{8}.$$

解法二 把 10 只电子管看成两类，并且类内编号，进行 7 次检测，检测方法总数为 A_{10}^7，现要求 3 只次品的电子管要在前 7 次检测出，且第 7 次必须检测 1 只为次品，另两只必须在前 6 次检测出，相应检测方法数为 $\binom{7}{4} \times \binom{3}{2} \times A_6^6$，因此所求概率为

$$P = \frac{\binom{7}{4} \times \binom{3}{2} \times A_6^6}{A_{10}^7} = \frac{1}{8}.$$

1.13 任意取两个不大于 1 的正数，试求其乘积小于 $\dfrac{1}{2}$ 的概率．

解 用几何概型求解．$\Omega = \{(x,y) \mid x \in [0,1], y \in [0,1]\}$，则

$$A = \left\{(x,y) \mid xy \leqslant \frac{1}{2}, x \in [0,1], y \in [0,1]\right\},$$

$$P(A) = \frac{|A|}{|\Omega|} = \frac{\frac{1 + \ln 2}{2}}{1} = \frac{1 + \ln 2}{2}.$$

1.14 一个质地均匀的陀螺，将其圆周分成两个半圈，其中一个半圈上均匀地标明刻度 1，另外半圈上均匀地刻上区间 $[0,1]$ 上诸数．在桌面旋转陀螺，求当陀螺停下来时，

圆周与桌面接触处的刻度位于区间$[0.2,0.5]$上的概率.

解　设陀螺停下来与桌面接触处为刻度位于$[0,1]$之间数所在半圈为事件A,显然$P(A) = \frac{1}{2}$;再设桌面与陀螺圆周接触处的刻度位于区间$[0.2,0.5]$为事件B,显然本题要求$P(AB)$.由于在$[0,1]$区间内任何一点都是等可能的,因此在$[0,1]$区间内可用几何概型计算刻度位于某个子区间的概率,即

$$P(B|A) = \frac{0.5 - 0.2}{1 - 0} = 0.3, \quad P(AB) = P(A)P(B|A) = 0.15.$$

1.15　随机地向半圆$0 < y < \sqrt{2ax - x^2}$(a为正常数)内掷一点,点落在半圆内任何区域的概率与区域的面积成正比,则原点和该点的连线与x轴的夹角小于$\frac{\pi}{4}$的概率是多少?

解　根据题意,本题可用几何概型求解.记A为事件"随机地向半圆内投掷一点,原点与该点连线与x轴夹角小于$\frac{\pi}{4}$",则

$$\Omega = \{(x,y) \mid (x-a)^2 + y^2 \leqslant a^2, 0 < y < \sqrt{2ax - x^2}, x \in \mathbf{R}, y \in \mathbf{R}\},$$

$$A = \{(x,y) \mid (x,y) \in \Omega, \text{且} \frac{y}{x} \leqslant \tan\frac{\pi}{4} = 1\},$$

$$P(A) = \frac{|A|}{|\Omega|} = \frac{\int_0^a \int_0^x 1\mathrm{d}y\mathrm{d}x + \int_a^{2a} \int_0^{\sqrt{2ax-x^2}} 1\mathrm{d}y\mathrm{d}x}{\int_0^{2a} \int_0^{\sqrt{2ax-x^2}} 1\mathrm{d}y\mathrm{d}x} = \frac{1}{2} + \frac{1}{\pi}.$$

1.16　设A,B,C为任意三个事件,试证明:
$$P(A \cup B \cup C) = P(A) + P(B) + P(C) - P(AB) - P(AC) - P(BC) + P(ABC).$$

证明　设$D = B \cup C$,则$P(A \cup B \cup C) = P(A \cup D)$.由加法公式得
$$P(A \cup D) = P(A) + P(D) - P(AD),$$
$$P(D) = P(B \cup C) = P(B) + P(C) - P(BC),$$
$$P(A(B \cup C)) = P(AB \cup AC) = P(AB) + P(AC) - P(ABC),$$

所以
$$P(A \cup B \cup C) = P(A) + P(B) + P(C) - P(BC) - P(A(B \cup C))$$
$$= P(A) + P(B) + P(C) - P(AB) - P(BC) - P(AC) + P(ABC).$$

1.17　假设三个人的准考证混放在一起,现在将其随意地发给三个人,试求事件$A = \{没有一人领到自己的准考证\}$的概率.

解　三个人的准考证放在一起,随意发给三个人的任何一种方式可看成一个基本事件,且都是等可能的,基本事件总数为$3! = 6$,事件A包含的基本事件数为2,所以$P(A) = \frac{1}{3}$.

1.18　某人从袋中抽取5个球,记A_i为事件"抽取的5个球中有i个不是红球",已知$P(A_i) = iP(A_0), i = 1,2,\cdots,5$.求下列各事件的概率:

（1）抽取的 5 个球均为红球.

（2）抽取的 5 个球至少有两个红球.

解　（1）本小题实际上就是求 $P(A_0)$. 由于 A_0,A_1,A_2,A_3,A_4,A_5 互不相容，且 $\bigcup\limits_{i=0}^{5}A_i=\Omega$，因此 $\sum\limits_{i=0}^{5}P(A_i)=1$，再由 $P(A_i)=iP(A_0)(i=1,2,3,4,5)$ 得

$$16P(A_0)=1,\quad P(A_0)=\frac{1}{16}.$$

（2）设 $B=\{$抽取的 5 个球中至少有两个红球$\}$，则

$$P(B)=P(A_2)+P(A_3)+P(A_4)+P(A_5)=1-P(A_0)-P(A_1)$$

$$=1-2P(A_0)=\frac{7}{8}.$$

1.19　已知 $P(A)=0.4,P(B)=0.25,P(A-B)=0.25$，求 $P(A\bigcup B)$ 之值.

解　由于 $P(A\backslash B)=P(A\bar{B})$，而 $P(A\bar{B})+P(AB)=P(A)$，因此

$$P(AB)=P(A)-P(A\backslash B)=0.4-0.25=0.15,$$

$$P(A\bigcup B)=P(A)+P(B)-P(AB)=0.4+0.25-0.15=0.5.$$

1.20　已知 $P(A)=0.2,P(B)=0.3,P(C)=0.35,P(AB)=P(AC)=0.15$，$P(BC)=0$，求事件"$A,B,C$ 全不发生"的概率.

解　$P(\bar{A}\bar{B}\bar{C})=1-P(\overline{\bar{A}\bar{B}\bar{C}})=1-P(A\bigcup B\bigcup C)$，

$$P(A\bigcup B\bigcup C)=P(A\bigcup B)+P(C)-P((A\bigcup B)\bigcap C),$$

$$P(A\bigcup B)=P(A)+P(B)-P(AB)=0.2+0.3-0.15=0.35,$$

$$P((A\bigcup B)\bigcap C)=P(AC\bigcup BC)=P(AC)+P(BC)-P(ABC).$$

注意到 $P(BC)=0$，所以 $P(ABC)=0,P((A\bigcup B)\bigcap C)=P(AC)=0.15$，

$$P(\bar{A}\bar{B}\bar{C})=1-P(\overline{\bar{A}\bar{B}\bar{C}})=1-P(A\bigcup B\bigcup C)=1-(0.35+0.35)+0.15=0.45.$$

1.21　设事件 A 与 B 互不相容，且 $P(A)=p,P(B)=q$，求下列事件的概率：$P(A\bar{B}),P(\bar{A}\bar{B})$.

解　由事件 A 与 B 互不相容知，$P(AB)=0$，

$$P(A\bar{B})=P(A\backslash B)=P(A)-P(AB)=P(A)=p,$$

$$P(\bar{A}\bar{B})=P(\bar{B})-P(A\bar{B})=1-q-p.$$

1.22　设事件 A,B,C 两两独立，$P(A)=P(B)=P(C)=a$，且 $A\bigcap B\bigcap C=\varnothing$，证明：

（1）$P(A\bigcup B\bigcup C)\leqslant\dfrac{3}{4}$；　（2）$a\leqslant\dfrac{1}{2}$.

证明　（1）$P(A\bigcup B\bigcup C)=P(A)+P(B)+P(C)-P(AB)-P(BC)-$

$$P(CA)+P(ABC)$$

$$=a+a+a-a^2-a^2-a^2+0=3a(1-a)\leqslant\frac{3}{4}$$

（因为 $a(1-a)\leqslant\dfrac{1}{4}$）.

(2)由(1)有 $P(\overline{A}\,\overline{B}\,\overline{C}) = 1 - P(A \cup B \cup C) \geqslant \dfrac{1}{4}$,而

$$P(\overline{A}\,\overline{B}) \geqslant P(\overline{A}\,\overline{B}\,\overline{C}) \geqslant \dfrac{1}{4}, \quad P(\overline{A}\,\overline{B}) = P(\overline{A})P(\overline{B}) = (1-a)^2,$$

所以 $(1-a)^2 \geqslant \dfrac{1}{4}, a \leqslant \dfrac{1}{2}$.

1.23 已知 $P(\overline{B}\,|\,A) = \dfrac{1}{3}, P(AB) = \dfrac{1}{5}$,求 $P(A)$.

解 因为 $P(A) = P(AB) + P(A\overline{B}) = P(AB) + P(A)P(\overline{B}\,|\,A)$,所以

$$P(A) = \frac{P(AB)}{1 - P(\overline{B}\,|\,A)} = 0.3.$$

1.24 已知 $P(A) = 0.7, P(B) = 0.4, P(\overline{A}B) = 0.8$,试求 $P(A\,|\,A \cup \overline{B})$ 之值.

解 $P(A\,|\,A \cup \overline{B}) = \dfrac{P(A \cap (A \cup \overline{B}))}{P(A \cup \overline{B})} = \dfrac{P(A)}{P(A \cup \overline{B})}$,

$\qquad P(A \cup \overline{B}) = P(A) + P(\overline{B}) - P(A\overline{B})$,

$\qquad P(A\overline{B}) = P(A) - P(AB) = P(A) + P(\overline{A}B) - 1$

$\qquad\qquad = 0.7 + 0.8 - 1 = 0.5$,

$\qquad P(A \cup \overline{B}) = P(A) + P(\overline{B}) - P(A\overline{B}) = 0.7 + 0.6 - 0.5 = 0.8$,

$\qquad P(A\,|\,A \cup \overline{B}) = \dfrac{P(A)}{P(A \cup \overline{B})} = \dfrac{0.7}{0.8} = \dfrac{7}{8}.$

1.25 设 A, B 为两随机事件,已知 $P(A) = 0.7, P(B) = 0.5, P(A \cup B) = 0.8$,试求 $P(A\,|\,\overline{A} \cup \overline{B})$ 之值.

解 $P(A\,|\,\overline{A} \cup \overline{B}) = \dfrac{P(A \cap (\overline{A} \cup \overline{B}))}{P(\overline{A} \cup \overline{B})} = \dfrac{P(A\overline{B})}{P(\overline{A} \cup \overline{B})}$,

$\qquad P(\overline{A} \cup \overline{B}) = P(\overline{A}) + P(\overline{B}) - P(\overline{A}\,\overline{B})$,

$\qquad P(\overline{A}\,\overline{B}) = 1 - P(A \cup B) = 1 - 0.8 = 0.2$,

$\qquad P(\overline{A} \cup \overline{B}) = P(\overline{A}) + P(\overline{B}) - P(\overline{A}\,\overline{B}) = 0.3 + 0.5 - 0.2 = 0.6$

$\qquad P(A\overline{B}) = P(A) - P(AB) = P(A) - (1 - P(\overline{A} \cup \overline{B}))$

$\qquad\qquad = 0.7 - (1 - 0.6) = 0.3$

$\qquad P(A\,|\,\overline{A} \cup \overline{B}) = \dfrac{P(A\overline{B})}{P(\overline{A} \cup \overline{B})} = \dfrac{0.3}{0.6} = 0.5.$

1.26 掷两颗骰子,在已知两颗骰子点数之和为 7 的条件下,求其中一颗为 1 点的概率.

解 设 $A = \{$两颗骰子出现的点数之和为 7$\}, B = \{$一颗骰子出现的点数为 1$\}$. 本题可用古典概型和求条件概率的缩减样本空间法求解.

因为 $A = \{(1,6),(6,1),(2,5),(5,2),(3,4),(4,3)\}, AB = \{(1,6),(6,1)\}$,所以

$$P(B\,|\,A) = \frac{|AB|}{|A|} = \frac{2}{6} = \frac{1}{3}.$$

1.27 假设箱中原来只有一个球,此球是黑球还是白球的概率均为 0.5. 现在首先

将一个白球放入箱中,然后从箱中随意取出一个球;在取出的球是白球的条件下,试求箱中原来的球是白球的概率.

解　本题求后验概率,用贝叶斯公式求解.

设 $A = \{$箱中原来的一个球为黑球$\}$,则 $\bar{A} = \{$箱中原来的一个球为白球$\}$,$B = \{$加进一个白球后,从箱中取出一个球是白球$\}$,

$$P(\bar{A}|B) = \frac{P(\bar{A}B)}{P(B)} = \frac{P(\bar{A})P(B|\bar{A})}{P(A)P(B|A) + P(\bar{A})P(B|\bar{A})} = \frac{0.5 \times 1}{0.5 \times 0.5 + 0.5 \times 1} = \frac{2}{3}.$$

1.28　袋中有一个红球和一个白球,从袋中随机摸出一球,如果取出的球是红球,则把此红球放回袋中并且再加进一个红球,然后从袋中再摸一个球;如果还是红球,则仍把此红球放回袋中并且再加进一个红球;如此继续进行,直到摸出白球为止. 求第 9 次取出白球的概率.

解　设 A_k,$\bar{A}_k$ 分别表示第 k 次取出的球是红、白球事件,由题意知

$$P(A_1) = \frac{1}{2}, \quad P(\bar{A}_1) = \frac{1}{2},$$

$$P(A_1 A_2) = P(A_1)P(A_2|A_1) = \frac{1}{2} \times \frac{2}{3} = \frac{1}{3},$$

所求概率为

$$P(A_1 A_2 \cdots A_8 \bar{A}_9) = P(\bar{A}_9 | A_1 A_2 \cdots A_8) P(A_1 A_2 \cdots A_8)$$
$$= P(\bar{A}_9 | A_1 A_2 \cdots A_8) P(A_8 | A_1 A_2 \cdots A_7) P(A_1 A_2 \cdots A_7)$$
$$= \cdots = \frac{1}{10} \times \frac{8}{9} \times \frac{7}{8} \times \cdots \times \frac{2}{3} \times \frac{1}{2} = \frac{1}{90}.$$

1.29　袋中有 3 个白球和 4 个红球,现从中随机地取 2 个球,在采用不放回地摸球方式下,求下列各事件的概率:

(1)两个球均为白球.

(2)第 1 个球为红球而第 2 个球为白球.

(3)红、白球各 1 个.

解　设 $B_i = \{$第 i 次取得白球$\}$, $i = 1, 2$,则

(1)$P(B_1 B_2) = P(B_1)P(B_2|B_1) = \frac{3}{7} \times \frac{2}{6} = \frac{1}{7}$.

(2)$P(\bar{B}_1 B_2) = P(\bar{B}_1)P(B_2|\bar{B}_1) = \frac{4}{7} \times \frac{3}{6} = \frac{2}{7}$.

(3)$P(\bar{B}_1 B_2 \bigcup B_1 \bar{B}_2) = P(\bar{B}_1 B_2) + P(B_1 \bar{B}_2)$

$$= \frac{2}{7} + P(B_1)P(\bar{B}_2|B_1) = \frac{2}{7} + \frac{3}{7} \times \frac{4}{6} = \frac{4}{7}.$$

1.30　盒中装有 5 个产品,其中 3 个一等品、2 个二等品,从中不放回地任取产品,每次 1 个,求:

(1)取两次,两次都取得一等品的概率.

(2)取两次,第二次取得一等品的概率.

(3)取两次,已知第二次取得一等品,求第一次取得的是二等品的概率.

解　设 $B_i=\{$第 i 次取得一等品$\}$,$i=1,2$,则

(1)$P(B_1B_2)=P(B_1)P(B_2\mid B_1)=\dfrac{3}{5}\times\dfrac{2}{4}=\dfrac{3}{10}=0.3.$

(2)$P(B_2)=P(B_1B_2)+P(\overline{B}_1B_2)=P(B_1)P(B_2\mid B_1)+P(\overline{B}_1)P(B_2\mid\overline{B}_1)$

$$=\frac{3}{5}\times\frac{2}{4}+\frac{2}{5}\times\frac{3}{4}=\frac{3}{5}=0.6.$$

(3)$P(\overline{B}_1\mid B_2)=\dfrac{P(\overline{B}_1B_2)}{P(B_2)}=\dfrac{1}{2}=0.5.$

1.31　某射击队共有 20 名射手,其中一级射手 4 人,二级射手 8 人,三级射手 7 人,四级射手 1 人,一、二、三、四级射手能通过预选赛进入正式比赛的概率分别为 0.9,0.7,0.5,0.2,求任选一名射手能进入正式比赛的概率.

解　本题用全概率公式求解.

设 $A_i=\{$射手来自第 i 级$\}$　$i=1,2,3,4$,$B=\{$射手能进入正式比赛$\}$,由题意有

$P(A_1)=\dfrac{4}{4+8+7+1}=\dfrac{1}{5}$,　$P(A_2)=\dfrac{2}{5}$,　$P(A_3)=\dfrac{7}{20}$,　$P(A_4)=\dfrac{1}{20}$,

$P(B\mid A_1)=0.9$,　$P(B\mid A_2)=0.7$,　$P(B\mid A_3)=0.5$,　$P(B\mid A_4)=0.2$,

$P(B)=\sum\limits_{i=1}^{4}P(A_i)P(B\mid A_i)=\dfrac{1}{5}\times0.9+\dfrac{2}{5}\times0.7+\dfrac{7}{20}\times0.5+\dfrac{1}{20}\times0.2=0.645.$

1.32　有 a,b,c 三个盒子,a 盒中有 4 个白球和 2 个黑球,b 盒中有 2 个白球和 1 个黑球,c 盒中有 3 个白球和 3 个黑球.今掷一颗骰子以决定选盒.若出现 1,2,3 点则选 a 盒;若出现 4 点,则选 b 盒;若出现 5,6 点则选 c 盒.在选出的盒中任取一球.

(1)求取出白球的概率;

(2)若取出的是白球,求此球来自 c 盒的条件概率.

解　设 $B_1=\{$所取球来自 a 盒$\}$,$B_2=\{$所取球来自 b 盒$\}$,$B_3=\{$所取球来自 c 盒$\}$,$A=\{$取得的球为白球$\}$,由题意可知

$$P(B_1)=\frac{1}{2},\ P(B_2)=\frac{1}{6},\ P(B_3)=\frac{1}{3},$$

$$P(A\mid B_1)=\frac{2}{3},\ P(A\mid B_2)=\frac{2}{3},\ P(A\mid B_3)=\frac{1}{2}.$$

(1)$P(A)=P(B_1)P(A\mid B_1)+P(B_2)P(A\mid B_2)+P(B_3)P(A\mid B_3)$

$$=\frac{1}{3}+\frac{1}{9}+\frac{1}{6}=\frac{11}{18}.$$

(2)$P(B_3\mid A)=\dfrac{P(B_3)P(A\mid B_3)}{P(A)}=\dfrac{3}{11}.$

1.33　一袋中有 5 个红球、5 个白球,从袋中任意取出 1 个球,然后放进 1 个另一颜色的球(例如取出 1 个白球就放进 1 个红球).如此取球,已知第一次、第二次取出的 2 个球具有相同的颜色,求它们都是白球的概率.

解　设 $B_1=\{$第一次取出的球为白球$\}$,$B_2=\{$第二次取出的球为白球$\}$,则 $\overline{B}_1=\{$第一次取出的球为红球$\}$,$\overline{B}_2=\{$第二次取出的球为红球$\}$,$C=\{$两次取出的球具有相同的颜色$\}$,

$$P(B_1 B_2) = P(B_1) P(B_2 | B_1) = \frac{5}{10} \times \frac{4}{10} = 0.2 ,$$

$$P(\bar{B}_1 \bar{B}_2) = P(\bar{B}_1) P(\bar{B}_2 | \bar{B}_1) = \frac{5}{10} \times \frac{4}{10} = 0.2,$$

$$P(C) = P(B_1 B_2) + P(\bar{B}_1 \bar{B}_2) = 0.4,$$

$$P(B_1 B_2 | C) = \frac{P(B_1 B_2) P(C | B_1 B_2)}{P(C)} = \frac{0.2 \times 1}{0.4} = 0.5 .$$

1.34 某超市销售某种电灭蚊器共 10 个,其中有 3 个次品、7 个合格品. 某顾客选购时已售出 2 个,该顾客从剩余 8 个中任选一个,已知该顾客购到的是合格品,求已出售的两个中一个为次品一个为合格品的概率.

解 本题用贝叶斯公式求解.

设 $B_1 = \{$已出售的两个电子灭蚊器都是次品$\}$,$B_2 = \{$已出售的两个电子灭蚊器都是合格品$\}$,$B_3 = \{$已出售的两个电子灭蚊器一个为次品一个为合格品$\}$,$A = \{$顾客买到的是合格品$\}$,

$$P(B_1) = \frac{\binom{3}{2}}{\binom{10}{2}} = \frac{1}{15}, \quad P(B_2) = \frac{\binom{7}{2}}{\binom{10}{2}} = \frac{7}{15}, \quad P(B_3) = \frac{\binom{3}{1}\binom{7}{1}}{\binom{10}{2}} = \frac{7}{15},$$

$$P(A|B_1) = \frac{7}{8}, \quad P(A|B_2) = \frac{5}{8}, \quad P(A|B_3) = \frac{3}{4},$$

$$P(B_3 | A) = \frac{P(AB_3)}{P(A)} = \frac{P(B_3) P(A|B_3)}{P(B_1) P(A|B_1) + P(B_2) P(A|B_2) + P(B_3) P(A|B_3)} = 0.5 .$$

1.35 一袋中装有 a 个红球、b 个白球,每次从袋中任取一球,记下该球颜色后将其放回袋中,同时再放进 c 个与该球同色的球,如此进行下去,记 $A_k = \{$第 k 次取到红球$\}$. 试证明:$P(A_k) = \dfrac{a}{a+b}$.

证法一 设 $P(A_k)$,$P(\bar{A}_k)$分别表示第 k 次取出的球是红、白球的概率,

$$P(A_1) = \frac{a}{a+b}, \quad P(\bar{A}_1) = \frac{b}{a+b},$$

$$P(A_2) = P(A_1) P(A_2 | A_1) + P(\bar{A}_1) P(A_2 | \bar{A}_1)$$

$$= \frac{a}{a+b} \cdot \frac{a+c}{a+b+c} + \frac{b}{a+b} \cdot \frac{a}{a+b+c}$$

$$= \frac{a}{a+b} .$$

同理

$$P(\bar{A}_2) = \frac{b}{a+b} .$$

当 $k \geqslant 2$ 时,

$$P(A_k) = P(A_{k-1}) P(A_k | A_{k-1}) + P(\bar{A}_{k-1}) P(A_k | \bar{A}_{k-1}),$$

设经过 $k-2$ 次摸球后,红、白球分别为 $a + x_1 c, b + x_2 c$ 个,其中 $x_1 + x_2 = k-2$,$x_i \geqslant 0$,$i = 1,2.$

$$P(A_{k-1}) = \frac{a + x_1 c}{a + b + (k - 2)c}, \quad P(\bar{A}_{k-1}) = \frac{b + x_2 c}{a + b + (k - 2)c}.$$

而

$$P(A_k | A_{k-1}) = \frac{a + (x_1 + 1)c}{a + b + (k - 1)c},$$

$$P(A_k | \bar{A}_{k-1}) = \frac{a + x_1 c}{a + b + (k - 1)c},$$

$$P(A_k) = \frac{a + x_1 c}{a + b + (k - 2)c} \cdot \frac{a + (x_1 + 1)c}{a + b + (k - 1)c} +$$

$$\frac{b + x_2 c}{a + b + (k - 2)c} \cdot \frac{a + x_1 c}{a + b + (k - 1)c}$$

$$= \frac{(a + x_1 c)[a + b + (k - 1)c]}{[a + b + (k - 2)c][a + b + (k - 1)c]}$$

$$= \frac{a + x_1 c}{a + b + (k - 2)c} = P(A_{k-1}),$$

所以

$$P(A_k) = P(A_{k-1}) = \cdots = P(A_1) = \frac{a}{a + b}.$$

证法二 用数学归纳法.

记 $A_1, \bar{A}_1$ 分别表示第 1 次取出的球是红、白球,则

$$P(A_1) = \frac{a}{a + b}, \quad P(\bar{A}_1) = \frac{b}{a + b},$$

即 $k = 1$ 时,结论成立.

假设 $k = n$ 时结论成立,即 $P(A_n) = \dfrac{a}{a + b}$. 现证明当 $k = n + 1$ 时结论成立. 由于

$$P(A_{n+1}) = P(A_1)P(A_{n+1} | A_1) + P(\bar{A}_1)P(A_{n+1} | \bar{A}_1),$$

$P(A_{n+1} | A_1)$ 表示在第一次取出红球的条件下,第 $n + 1$ 取出的是红球的概率. 由于第一次取出红球,需要往袋中放进 c 个红球,第二次取球之前,袋中有 $a + c$ 个红球、b 个白球,$P(A_{n+1} | A_1)$ 等同于初始状态为袋中有 $a + c$ 个红球、b 个白球,第 n 次取出的球是红球的概率,根据归纳假设有 $P(A_{n+1} | A_1) = \dfrac{a + c}{a + b + c}$,同理 $P(A_{n+1} | \bar{A}_1) = \dfrac{a}{a + b + c}$,从而

$$P(A_{n+1}) = \frac{a}{a + b} \cdot \frac{a + c}{a + b + c} + \frac{b}{a + b} \cdot \frac{a}{a + b + c} = \frac{a}{a + b}.$$

即当 $k = n + 1$ 时结论成立.

1.36 一袋中装有 a 个红球、b 个白球、c 个黑球,每次从袋中任取一球,记下该球颜色后将其放回袋中,同时再放进 d 个与该球同色的球,如此进行下去,记 $A_k = \{$第 k 次取到红球$\}$. 试求 $P(A_1 | A_k)$ 之值.

解 设 $A_k = \{$第 k 次取到红球$\}$,$B_k = \{$第 k 次取到白球$\}$,$C_k = \{$第 k 次取到黑球$\}$,显然 A_k, B_k 和 C_k 互不相容,且 $A_k \bigcup B_k \bigcup C_k = \Omega$,

$$P(A_1) = \frac{a}{a+b+c}, \quad P(B_1) = \frac{b}{a+b+c}, \quad P(C_1) = \frac{c}{a+b+c},$$

$$P(A_2 \mid A_1) = \frac{a+d}{a+b+c+d}, \quad P(A_2 \mid B_1) = \frac{a}{a+b+c+d}, \quad P(A_2 \mid C_1) = \frac{a}{a+b+c+d},$$

$$P(A_2) = P(A_1)P(A_2 \mid A_1) + P(B_1)P(A_2 \mid B_1) + P(C_1)P(A_2 \mid C_1) = \frac{a}{a+b+c}.$$

同理，$P(B_2) = \dfrac{b}{a+b+c}, P(C_2) = \dfrac{c}{a+b+c}$.

仿照 1.35 题的证明过程，可以证明：对任意正整数 k，有

$$P(A_k) = \frac{a}{a+b+c}, \quad P(B_k) = \frac{b}{a+b+c}, \quad P(C_k) = \frac{c}{a+b+c},$$

于是

$$P(A_1 \mid A_2) = \frac{P(A_1 A_2)}{P(A_2)} = \frac{P(A_1)P(A_2 \mid A_1)}{P(A_2)} = P(A_2 \mid A_1) = \frac{a+d}{a+b+c+d}.$$

当 $k>2$ 时，

$$P(A_1 \mid A_k) = \frac{P(A_1 A_k)}{P(A_k)} = \frac{P(A_1)P(A_k \mid A_1)}{P(A_k)} = P(A_k \mid A_1).$$

而 $P(A_k \mid A_1)$ 等同于初始状态为袋中有 $a+d$ 个红球、b 个白球、c 个黑球，第 $k-1$ 次取出的球是红球的概率，

$$P(A_k \mid A_1) = \frac{a+d}{a+b+c+d},$$

$$P(A_1 \mid A_k) = P(A_k \mid A_1) = \frac{a+d}{a+b+c+d}.$$

1.37　某实验室在器皿中繁殖成 k 个细菌的概率为 $\dfrac{5^k}{k!}\mathrm{e}^{-5}$，$k=0,1,2,\cdots$，并设所繁殖的每个细菌为甲类菌的概率为 0.4，为乙类菌的概率为 0.6，求下列事件的概率：

（1）器皿中所繁殖的全部是乙类菌的概率.

（2）已知所繁殖的全部是乙类菌，求细菌个数为 3 的概率.

解　设 $A = \{$繁殖的细菌全是乙类菌$\}$，$B_k = \{$繁殖了 k 个细菌$\}$，$k=1,2,\cdots$.

（1）由全概率公式和事件独立性得

$$P(A) = \sum_{k=1}^{\infty} P(A \mid B_k)P(B_k) = \sum_{k=1}^{\infty} \frac{5^k}{k!}\mathrm{e}^{-5} 0.6^k = \sum_{k=1}^{\infty} \frac{3^k}{k!}\mathrm{e}^{-5}$$

$$= \mathrm{e}^{-5}(\mathrm{e}^3 - 1) = \mathrm{e}^{-2} - \mathrm{e}^{-5}.$$

（2）由贝叶斯公式得

$$P(B_3 \mid A) = \frac{P(B_3)P(A \mid B_3)}{P(A)} = \frac{\dfrac{5^3}{3!}\mathrm{e}^{-5} \times 0.6^3}{\mathrm{e}^{-2} - \mathrm{e}^{-5}} = \frac{9}{2(\mathrm{e}^3 - 1)}.$$

1.38　设事件 A,B,C 相互独立，试证明：

（1）事件 $\overline{A}, B, C$ 相互独立.

（2）事件 A 与 $\overline{B} \cup C$ 相互独立.

证明 由事件 A,B,C 的相互独立性可得

$P(AB) = P(A)P(B)$, $P(AC) = P(A)P(C)$, $P(BC) = P(B)P(C)$,

$P(ABC) = P(A)P(B)P(C)$.

(1)因为

$$P(\bar{A}B) = P(B) - P(AB) = P(B) - P(A)P(B) = P(B)(1 - P(A)) = P(\bar{A})P(B),$$

同理有

$P(\bar{A}C) = P(\bar{A})P(C)$,又 $P(BC) = P(B)P(C)$,从而

$$P(\bar{A}BC) = P(BC) - P(ABC) = P(B)P(C) - P(A)P(B)P(C) = P(\bar{A})P(B)P(C),$$

所以 $\bar{A},B,C$ 相互独立.

(2)因为

$$P(A \cap (\bar{B} \cup C)) = P((A \cap \bar{B}) \cup (A \cap C)) = P(A \cap \bar{B}) + P(A \cap C) - P(A\bar{B}C)$$

$$= P(A) - P(AB) + P(AC) - P(AC) + P(ABC)$$

$$= P(A) - P(A)P(B) + P(A)P(B)P(C)$$

$$= P(A)(1 - P(B) + P(B)P(C))$$

$$= P(A)(P(\bar{B}) + P(B)P(C))$$

$$= P(A)(P(\bar{B}) + P(C) - P(\bar{B})P(C))$$

$$= P(A)P(\bar{B} \cup C),$$

所以 A 与 $\bar{B} \cup C$ 相互独立.

1.39 盒子中有 10 个球,其中 4 个白球、4 个黑球、2 个红球. 现从盒中有放回地摸取 3 次,每次只取一个球,求:

(1)取到的 3 个球中恰好有两个白球的概率.

(2)取到的 3 个球中至少有一个白球的概率.

解 本题用伯努利试验概型求解. 虽然盒子中有三类球,可以看成白球和非白球两类. 这样,每次摸球试验结果只有两个. 有放回地摸球可视为独立重复试验.

记 p 为每次摸球取到白球的概率,依题意知:$p = \dfrac{2}{5}$.

(1)P(取到的 3 个球中恰好有两个白球) $= \dbinom{3}{2}\left(\dfrac{2}{5}\right)^2 \dfrac{3}{5} = \dfrac{36}{125}$.

(2) P(取到的 3 个球中至少有一个白球)

$$= \dbinom{3}{1}\left(\dfrac{3}{5}\right)^2 \dfrac{2}{5} + \dbinom{3}{2}\left(\dfrac{2}{5}\right)^2 \dfrac{3}{5} + \dbinom{3}{3}\left(\dfrac{2}{5}\right)^3 = \dfrac{98}{125}.$$

1.40 做 10 次独立重复试验,每次试验中成功的概率为 p. 试求下列事件的概率:

(1)10 次试验中恰有 3 次成功.

(2)获得第 3 次成功恰好出现在第 10 次试验.

解 本题用伯努利试验概型求解.

(1)P(10 次试验中恰有 3 次成功) $= \dbinom{10}{3} p^3 (1-p)^7$.

（2）$P($获得第 3 次成功恰好出现在第 10 次试验$)$

$$= \binom{9}{2} p^2 (1-p)^7 p = \binom{9}{2} p^3 (1-p)^7.$$

1.41 甲、乙、丙三个射手，他们每次击中目标的概率分别为 $0.4, 0.5, 0.7$. 现三人同时独立向目标射击一次. 试求至少有一人命中目标的概率.

解 本题用事件独立性求解.

设 $A = \{$射击一次甲命中目标$\}$，$B = \{$射击一次乙命中目标$\}$，$C = \{$射击一次丙命中目标$\}$，所求概率为

$$P(A \cup B \cup C) = 1 - P(\bar{A}\bar{B}\bar{C}) = 1 - P(\bar{A})P(\bar{B})P(\bar{C}) = 1 - 0.6 \times 0.5 \times 0.3 = 0.91.$$

1.42 假定具有症状 S 的疾病有 d_1, d_2, d_3 种，现从 20 000 份患有疾病 d_1, d_2, d_3 的病史中，统计得到下列数据：

疾病	人数	出现症状 S 的人数
d_1	8 000	7 500
d_2	5 000	4 000
d_3	7 000	3 500

试问：当一个具有症状 S 的病人前来就诊时，他患有疾病 d_1, d_2, d_3 的可能性各有多大？若没有其他可依据的诊断手段，诊断该病人患有这三种病中的哪一种较为合适？

解 设 $A = \{$患者出现症状 $S\}$，$D_i = \{$患者患有疾病 $d_i\}$，$i = 1,2,3$. 每观察一张病卡可看成是做了一次试验，由于统计的病卡很多，这样以频率来近似代替概率是可行的. 由统计数字，得

$$P(D_1) = \frac{8\,000}{20\,000}, \quad P(D_2) = \frac{5\,000}{20\,000}, \quad P(D_3) = \frac{7\,000}{20\,000}$$

$$P(A|D_1) = \frac{7\,500}{8\,000}, \quad P(A|D_2) = \frac{4\,000}{5\,000}, \quad P(A|D_3) = \frac{3\,500}{7\,000},$$

由贝叶斯公式，得

$$P(D_1|A) = \frac{P(D_1)P(A|D_1)}{P(D_1)P(A|D_1) + P(D_2)P(A|D_2) + P(D_3)P(A|D_3)} = \frac{0.375}{0.75} = 0.5,$$

$$P(D_2|A) = \frac{P(D_2)P(A|D_2)}{P(D_1)P(A|D_1) + P(D_2)P(A|D_2) + P(D_3)P(A|D_3)} \approx 0.267,$$

$$P(D_3|A) = \frac{P(D_3)P(A|D_3)}{P(D_1)P(A|D_1) + P(D_2)P(A|D_2) + P(D_3)P(A|D_3)} \approx 0.233.$$

当一个具有症状 S 的病人来就诊时，他患有疾病 d_1 的可能性最大，概率为 0.5.

第二章 一维随机变量与概率分布

一、基本内容

离散型随机变量的概率分布,连续型随机变量及其分布,常见随机变量的分布,随机变量函数的分布.

二、基本要求

(1)理解随机变量的概念.

(2)理解随机变量分布函数的概念及性质,会计算与随机变量有关事件的概率.

(3)理解离散型随机变量及其概率分布的概念,掌握 0—1 分布、二项分布、泊松(Poisson)分布及其应用.

(4)理解连续型随机变量及其概率密度的概念,掌握概率密度与分布函数之间的关系.

(5)掌握正态分布、均匀分布和指数分布及其应用.

(6)会求随机变量的较为简单的函数的概率分布.

三、基本知识提要

(一)随机变量的概念

在许多试验中,观察的对象常常是某一个数量的取值. 例如,掷一颗骰子观察出现的点数,点数就是一个量. 这时就可以用这个量(比如 X)的取值来记录或表示试验的结果. 另外,若是掷硬币观察出现正面还是反面,我们也可以通过下面的方法使它与一个数量(比如 X)联系起来. 即当出现正面时,规定 X 为 1;当出现反面时,规定 X 为 0. 我们称这样的数量 X 为随机变量.

因为随机变量 X 的取值是随着试验结果(基本事件 ω)不同而变化的,所以 X 实际上是基本事件 ω 的函数. 一个事件 A 包含了一定量的基本事件 ω(例如古典概型中 A 包含了 $\omega_1, \omega_2, \cdots, \omega_m$,共 m 个基本事件),如果记 D 为 A 所包含的 ω 上 X 取值的集合,则 $P(A)$ 可以由 $P(X(\omega) \in D)$ 来计算.

定义 设 (Ω, F, P) 为概率空间,其中 Ω 为试验的样本空间,F 为事件域,P 为概率测度,称函数 $X: \Omega \rightarrow \mathbf{R}$ 为随机变量,如果 $\forall x \in \mathbf{R}$,有 $\{\omega | X(\omega) \leqslant x\} \in F$.

定义了随机变量,我们就可以通过它来描述随机试验中的各种事件,随机变量取值能全面反映试验的情况. 这就使得我们对随机现象的研究,从第一章的事件与事件的概率的研究,扩大(或统一)到对随机变量的分布规律的研究,并且便于运用数学分析的方法和工具.

若一个随机变量所可能取到的值只有有限个(如掷骰子出现的点数)或可列无穷多个(如电话交换台接到的呼唤次数),则称其为离散型随机变量. 像弹着点到靶心的距离这样的随机变量,它的取值连续地充满了一个区间,则称其为连续型随机变量.

随机变量本质上是一个函数,它将每个试验结果映射成一个实数,由于该实数值随试验结果的不同而变化,所以形象地称其为随机变量. 引入了随机变量的概念,就可以用随机变量的取值范围代替样本空间的子集来表达事件.

(二)随机变量的分布

1. 离散型随机变量的分布列

设离散型随机变量 X 的可能取值为 x_k($k=1,2,\cdots$)且取各个值的概率(即事件 $X=x_k$)发生的概率为

$$P(X=x_k)=p_k, \ k=1,2,\cdots,$$

则称上式为离散型随机变量 X 的概率分布或分布列. 有时也用分布列的形式给出:

x	x_1	x_2	$\cdots$	x_k	$\cdots$
p	p_1	p_2	$\cdots$	p_k	$\cdots$

或

$$X \sim \begin{pmatrix} x_1 & x_2 & \cdots & x_k & \cdots \\ p_1 & p_2 & \cdots & p_k & \cdots \end{pmatrix}.$$

显然,分布列应满足下列条件:

(1) $p_k \geqslant 0$, $k=1,2,\cdots$.

(2) $\sum_{k=1}^{\infty} p_k = 1.$

2. 分布函数

对于非离散型随机变量,通常有 $P(X=x)=0$,不可能用分布列表达. 例如,日光灯管的寿命 X,有 $P(X=x_0)=0$. 因此,可用 X 落在某个区间 $(a,b]$ 内的概率表示.

定义 设 X 为随机变量,x 是任意实数,则由

$$F(x)=P(X \leqslant x),$$

定义的函数 F 称为随机变量 X 的分布函数.

由

$$P(a < X \leqslant b)=F(b)-F(a)$$

可以看到,随机变量 X 落入区间 $(a,b]$ 的概率可用其分布函数值来表示. 也就是说,分布函数完整地描述了随机变量 X 随机取值的统计规律性.

分布函数 F 是一个普通的函数,它表示随机变量落入区间 $(-\infty,x]$ 的概率.

对于离散型随机变量,F 的图形是阶梯的,$x_1,x_2,\cdots$ 是第一类间断点,随机变量 X 在 x_k 处的概率就是 F 在 x_k 处的跃度,每一个分段区间都是"左闭右开"的.

对离散型随机变量,$F(x) = \sum_{x_i \leqslant x} p_i$.

分布函数具有如下性质:

(1) $0 \leqslant F(x) \leqslant 1, -\infty < x < +\infty$.

(2) F 是单调不减的函数,即 $x_1 < x_2$ 时,有 $F(x_1) \leqslant F(x_2)$.

(3) $F(-\infty) = \lim\limits_{x \to -\infty} F(x) = 0, F(+\infty) = \lim\limits_{x \to +\infty} F(x) = 1$.

(4) $F(x+0) = F(x)$,即 $F(x)$ 是右连续的(可用第一章概率性质中的上连续性证明).

(5) $P(X = x) = F(x) - F(x-0)$.

3. 连续型随机变量的密度函数

定义 设 F 是随机变量 X 的分布函数,若存在非负函数 f,对任意实数 x,有

$$F(x) = \int_{-\infty}^{x} f(t)\mathrm{d}t,$$

则称 X 为连续型随机变量,并称 f 为 X 的概率密度函数或密度函数,简称概率密度. f 的图形是一条曲线,称为密度曲线.

由定义可知,连续型随机变量的分布函数 F 是连续函数. 所以,

$$P(x_1 \leqslant X \leqslant x_2) = P(x_1 < X \leqslant x_2) = P(x_1 \leqslant X < x_2)$$
$$= P(x_1 < X < x_2) = F(x_2) - F(x_1).$$

密度函数具有下面 4 个性质:

(1) $f(x) \geqslant 0$.

(2) $\int_{-\infty}^{+\infty} f(x)\mathrm{d}x = 1$.

$F(+\infty) = \int_{-\infty}^{+\infty} f(x)\mathrm{d}x = 1$ 的几何意义:在横轴上面、密度曲线下面的全部面积等于 1,如果一个函数 $f(x)$ 满足(1)(2),则它一定可以作为某个随机变量的密度函数.

(3) $P(x_1 < X \leqslant x_2) = F(x_2) - F(x_1) = \int_{x_1}^{x_2} f(x)\mathrm{d}x$.

(4) 若 $f(x)$ 在 x 处连续,则有 $F'(x) = f(x)$.

$$P(x < X \leqslant x + \mathrm{d}x) \approx f(x)\mathrm{d}x.$$

$f(x)\mathrm{d}x$ 在刻画连续型随机变量的分布规律中所起的作用如同 $p_k = P(X = x_k)$ 在刻画离散型随机变量分布规律中所起的作用.

值得注意的是,对于连续型随机变量 X,虽然有 $P(X = x) = 0$,但事件 $(X = x)$ 并非是不可能事件 $\varnothing$.

$$P(X = x) \leqslant P(x < X \leqslant x + h) = \int_{x}^{x+h} f(t)\mathrm{d}t,$$

令 $h \to 0$,则右端为 0,而概率 $P(X = x) \geqslant 0$,故得 $P(X = x) = 0$.

虽然从初等概率论的基本概念来说,不可能事件 $(\varnothing)$ 的概率为 0,而概率为 0 的事件不一定是不可能事件;同理,必然事件 (Ω) 的概率为 1,而概率为 1 的事件也不一定是必

然事件. 但在概率论的实际应用中和在较深入的理论分析中,概率为 1 的事件就认为是
必然事件,而概率为 0 的事件就认为是不可能事件.

(三)常见分布

1. 0—1 分布

$$P(X = 1) = p, \quad P(X = 0) = q, \quad p + q = 1.$$

2. 二项分布

在 n 重伯努利试验中,设事件 A 发生的概率为 p. 事件 A 发生的次数是随机变量,
记为 X, X 可能取值为 $0, 1, 2, \cdots, n$.

$$P(X = k) = P_n(k) = \binom{n}{k} p^k q^{n-k},$$

其中, $q = 1 - p$, $0 < p < 1$, $k = 0, 1, 2, \cdots, n$, 则称随机变量 X 服从参数为 n, p 的二项分
布,记为 $X \sim B(n, p)$.

$$X \sim \begin{bmatrix} 0 & 1 & \cdots & k & \cdots & n \\ (1-p)^n & \binom{n}{1} p (1-p)^{n-1} & \cdots & \binom{n}{k} p^k (1-p)^{n-k} & \cdots & p^n \end{bmatrix},$$

$P(X = k) = P_n(k) = \binom{n}{k} p^k q^{n-k}$, 又记为 $b(n; k, p)$.

容易验证, $b(n; k, p)$ 满足离散型分布列的条件.

当 $n = 1$ 时, $P(X = k) = p^k q^{1-k}$, $k = 0, 1$. 这就是 0—1 分布,所以 0—1 分布是二项
分布的特例.

3. 泊松分布

若随机变量 X 的分布列为

$$P(X = k) = \frac{\lambda^k}{k!} e^{-\lambda}, \quad \lambda > 0, \quad k = 0, 1, 2, \cdots,$$

则称随机变量 X 服从参数为 λ 的泊松分布,记为 $X \sim \text{Pois}(\lambda)$ 或者 $P(\lambda)$.

泊松分布为二项分布的极限分布(当 $n \to \infty$ 时, $np \to \lambda$). 另外,如飞机被击中的子弹
数、来到公共汽车站的乘客数、机床发生故障的次数、自动控制系统中元件损坏的个数、
某商店中来到的顾客人数等在短时间内发生的数目不会太大的量,都可认为近似地服从
泊松分布.

4. 几何分布

若随机变量 X 的分布列为

$$P(X = k) = q^{k-1} p, \quad k = 1, 2, 3, \cdots,$$

其中, $0 < p < 1$, $q = 1 - p$, 则称随机变量 X 服从参数为 p 的几何分布.

5. 均匀分布

若随机变量 X 的值只落在 $[a, b]$ 内,其密度函数 f 在 $[a, b]$ 上为常数 k, 即

$$f(x) = \begin{cases} k & a \leqslant x \leqslant b \\ 0 & \text{其他} \end{cases},$$

其中，$k = \dfrac{1}{b-a}$，则称随机变量 X 在 $[a, b]$ 上服从均匀分布，记为 $X \sim U(a, b)$.

X 的分布函数为

$$F(x) = \int_{-\infty}^{x} f(t)\mathrm{d}t = \begin{cases} 0 & x < a \\ \dfrac{x-a}{b-a} & a \leqslant x \leqslant b \\ 1 & x > b \end{cases}.$$

当 $a \leqslant x_1 < x_2 \leqslant b$ 时，X 落在区间 (x_1, x_2) 内的概率为

$$P(x_1 < X < x_2) = \int_{x_1}^{x_2} \frac{1}{b-a}\mathrm{d}t = \frac{x_2 - x_1}{b-a}.$$

6. 指数分布

若随机变量 X 的密度函数为

$$f(x) = \begin{cases} \lambda \mathrm{e}^{-\lambda x} & x \geqslant 0 \\ 0 & x < 0 \end{cases},$$

其中，$\lambda > 0$，则称随机变量 X 服从参数为 λ 的指数分布，记为 $X \sim \mathrm{Exp}(\lambda)$.

X 的分布函数为

$$F(x) = \begin{cases} 1 - \mathrm{e}^{-\lambda x} & x \geqslant 0 \\ 0 & x < 0 \end{cases}.$$

为计算与指数分布有关的概率，需要熟悉几个积分：

$$\int_{0}^{+\infty} x\mathrm{e}^{-x}\mathrm{d}x = 1, \quad \int_{0}^{+\infty} x^2\mathrm{e}^{-x}\mathrm{d}x = 2, \quad \int_{0}^{+\infty} x^{n-1}\mathrm{e}^{-x}\mathrm{d}x = (n-1)!.$$

$$\Gamma(\alpha) = \int_{0}^{+\infty} x^{\alpha-1}\mathrm{e}^{-x}\mathrm{d}x, \quad \Gamma(\alpha+1) = \alpha\Gamma(\alpha).$$

7. 正态分布

若随机变量 X 的密度函数为

$$f(x) = \frac{1}{\sqrt{2\pi}\,\sigma}\mathrm{e}^{-\frac{(x-\mu)^2}{2\sigma^2}}, \quad -\infty < x < +\infty,$$

其中，$\mu, \sigma(\sigma > 0)$ 为常数，则称随机变量 X 服从参数为 μ, σ^2 的正态分布或高斯（Gauss）分布，记为 $X \sim N(\mu, \sigma^2)$.

正态分布的分布密度 f 具有如下性质：

(1) f 的图形是关于 $x = \mu$ 对称的.

(2) $f(\mu) = \dfrac{1}{\sqrt{2\pi}\,\sigma}$ 为最大值.

(3) f 以 Ox 轴为渐近线.

当 σ 固定、改变 μ 时，f 的图形形状不变，只是整体沿 Ox 轴平行移动，所以称 μ 为位置参数. 当 μ 固定、改变 σ 时，f 的图形形状要发生变化，随着 σ 变大，f 图形的形状变得平坦，所以称 σ 为形状参数.

若 $X \sim N(\mu, \sigma^2)$，则 X 的分布函数为

$$F(x) = \frac{1}{\sqrt{2\pi}\,\sigma}\int_{-\infty}^{x} \mathrm{e}^{-\frac{(x-\mu)^2}{2\sigma^2}}\mathrm{d}t.$$

参数 $\mu = 0, \sigma = 1$ 时的正态分布称为标准正态分布,记为 $X \sim N(0,1)$,其密度函数记为

$$\varphi(x) = \frac{1}{\sqrt{2\pi}} e^{-\frac{x^2}{2}}, \quad -\infty < x < +\infty,$$

分布函数为

$$\Phi(x) = \frac{1}{\sqrt{2\pi}} \int_{-\infty}^{x} e^{-\frac{t^2}{2}} dt, \quad -\infty < x < +\infty.$$

Φ 是不可求积函数(即该积分没有有限形式),其值已编制成正态分布表供查用.

φ 和 Φ 的性质:

(1) φ 是偶函数,$\varphi(x) = \varphi(-x)$.

(2) 当 $x = 0$ 时,$\varphi(x) = \frac{1}{\sqrt{2\pi}}$ 为最大值.

(3) $\Phi(-x) = 1 - \Phi(x)$ 且 $\Phi(0) = \frac{1}{2}$.

若 $X \sim N(\mu, \sigma^2)$,则 $\frac{X - \mu}{\sigma} \sim N(0,1)$. 所以可以通过变换将一般正态分布的分布函数值 $F(x)$ 的计算转化为 $\Phi(x)$ 的计算,而 $\Phi(x)$ 是可以通过查表得到的.

$$P(x_1 < X \leqslant x_2) = \Phi\left(\frac{x_2 - \mu}{\sigma}\right) - \Phi\left(\frac{x_1 - \mu}{\sigma}\right).$$

(四)随机变量函数的分布

设随机变量 Y 是随机变量 X 的函数 $Y = g(X)$,如果 X 的分布函数 F_X 或密度函数 f_X 已知,那么,如何求出 $Y = g(X)$ 的分布函数 F_Y 或密度函数 f_Y?

(1) 当 X 为离散型时,对 Y 的每个取值,找出对应该 Y 值的 X 的所有取值,将 X 取这些值的概率相加,即得 Y 取该值的概率.

(2) 当 X 为连续型时,若 g 在 X 的取值范围内严格单调,且有一阶连续导数,则 $f_Y(y) = f_X(g^{-1}(y)) |(g^{-1}(y))'|$. 若 g 不是单调函数,则先求 Y 的分布函数,再求导.

四、疑难分析

1. 随机变量与普通函数

随机变量定义在随机试验的样本空间 Ω 上,对试验的每一个可能结果 $\omega \in \Omega$,都有唯一的实数 $X(\omega)$ 与之对应. 普通函数的取值是按一定法则给定的,而随机变量的取值是由随机试验的结果确定的,具有随机性;另外,普通函数的定义域是一个区间,而随机变量的定义域是样本空间.

2. 分布函数的右连续性

随机变量的分布函数是右连续的,分布函数的这一性质不好理解. 这个性质可用第一章概率的上连续性证明.

$$F(x_0) = P(X \leqslant x_0) = P\left(\bigcap_{k=1}^{\infty} \left\{X \leqslant x_0 + \frac{1}{k}\right\}\right).$$

记 $A_k = \left\{ X \leqslant x_0 + \dfrac{1}{k} \right\}$，显然有 $A_1 \supset A_2 \supset \cdots \supset A_k \supset \cdots$．

根据概率的上连续性，有 $P\left(\bigcap\limits_{k=1}^{\infty} \left\{ X \leqslant x_0 + \dfrac{1}{k} \right\} \right) = \lim\limits_{k \to \infty} P(A_k)$，从而由分布函数的单增性有

$$\lim_{k \to \infty} P(A_k) = \lim_{k \to \infty} P\left(X \leqslant x_0 + \frac{1}{k} \right) = \lim_{k \to \infty} F\left(x_0 + \frac{1}{k} \right) = F(x_0 + 0),$$

所以 $F(x_0) = F(x_0 + 0)$．

五、典型例题选讲

例 2.1　下列给出的是不是某个随机变量的分布列？

(1) $\begin{pmatrix} 1 & 3 & 5 \\ 0.5 & 0.3 & 0.2 \end{pmatrix}$.　　　　(2) $\begin{pmatrix} 1 & 2 & 3 \\ 0.7 & 0.1 & 0.1 \end{pmatrix}$.

(3) $\begin{bmatrix} 0 & 1 & 2 & \cdots & n & \cdots \\ \dfrac{1}{2} & \dfrac{1}{2}\left(\dfrac{1}{3}\right) & \dfrac{1}{2}\left(\dfrac{1}{3}\right)^2 & \cdots & \dfrac{1}{2}\left(\dfrac{1}{3}\right)^n & \cdots \end{bmatrix}$.

(4) $\begin{bmatrix} 1 & 2 & \cdots & n & \cdots \\ \dfrac{1}{2} & \left(\dfrac{1}{2}\right)^2 & \cdots & \left(\dfrac{1}{2}\right)^n & \cdots \end{bmatrix}$.

解　(1) 是．

(2) $0.7 + 0.1 + 0.1 \neq 1$，所以它不是随机变量的分布列．

(3) $\dfrac{1}{2} + \dfrac{1}{2}\left(\dfrac{1}{3}\right) + \dfrac{1}{2}\left(\dfrac{1}{3}\right)^2 + \cdots + \dfrac{1}{2}\left(\dfrac{1}{3}\right)^n + \cdots = \dfrac{3}{4}$，所以它不是随机变量的分布列．

(4) $\left(\dfrac{1}{2}\right)^n > 0$，$n$ 为任意正整数，且 $\sum\limits_{n=1}^{\infty} \left(\dfrac{1}{2}\right)^n = 1$，所以它是随机变量的分布列．

例 2.2　一个口袋中装有 m 个白球、$n - m$ 个黑球，不放回地连续从袋中取球，直到取出黑球时停止．记停止时已取出的白球个数为 X，试求 X 的分布列．

解　设"$X = k$"表示前 k 次取出白球，第 $k + 1$ 次取出黑球，则 X 的分布列为

$$P(X = k) = \frac{m(m - 1)\cdots(m - k + 1)(n - m)}{n(n - 1)\cdots(n - k)}, \quad k = 0, 1, \cdots, m.$$

例 2.3　设随机变量 X 的分布函数为 F，试以 F 的值表示下列概率：

(1) $P(X = a)$.　(2) $P(X < a)$.　(3) $P(X \geqslant a)$.　(4) $P(X > a)$.

解　(1) $P(X = a) = F(a) - F(a - 0)$.

(2) $P(X < a) = F(a - 0)$.

(3) $P(X \geqslant a) = 1 - P(X < a) = 1 - F(a - 0)$.

(4) $P(X > a) = 1 - F(a)$.

例 2.4　设 X 的分布函数 F 为

$$F(x) = \begin{cases} 0 & x < -1 \\ 0.4 & -1 \leqslant x < 1 \\ 0.8 & 1 \leqslant x < 3 \\ 1 & x \geqslant 3 \end{cases},$$

试求 X 的概率分布列.

解 由于 X 的分布函数的图形是阶梯形,故 X 是离散型的随机变量,其分布列为

$$X \sim \begin{pmatrix} -1 & 1 & 3 \\ 0.4 & 0.4 & 0.2 \end{pmatrix}.$$

例 2.5 设随机变量 X 的概率密度函数为

$$f(x) = \begin{cases} \lambda x & 0 < x < 2 \\ 0 & \text{其他} \end{cases},$$

试求:(1)常数 λ.(2)$P(1 < X < 3)$.(3)X 的分布函数 F.

解 (1)由 $\int_{-\infty}^{+\infty} f(x)\mathrm{d}x = \int_{0}^{2} \lambda x \mathrm{d}x = 1$,得到 $\lambda = \dfrac{1}{2}$.

(2)$P\{1 < x < 3\} = \int_{1}^{3} f(x)\mathrm{d}x = \int_{1}^{2} \dfrac{1}{2} x \mathrm{d}x = \dfrac{3}{4}$.

(3)当 $x < 0$ 时,$F(x) = \int_{-\infty}^{x} 0\mathrm{d}t = 0$.

当 $0 \leqslant x < 2$ 时,$F(x) = \int_{-\infty}^{x} f(t)\mathrm{d}t = \int_{-\infty}^{0} 0\mathrm{d}x + \int_{0}^{x} \dfrac{1}{2} t\mathrm{d}t = \dfrac{1}{4} x^2$.

当 $x \geqslant 2$ 时,$F(x) = 1$.

$$F(x) = \begin{cases} 0 & x < 0 \\ \dfrac{1}{4} x^2 & 0 \leqslant x < 2 \\ 1 & x \geqslant 2 \end{cases}.$$

例 2.6 在半径为 R、球心为坐标原点 O 的球内任取一点 P,求 $X = |OP|$ 的分布函数.

解 当 $0 \leqslant x \leqslant R$ 时,

$$F(x) = P(X \leqslant x) = \frac{\dfrac{4}{3}\pi x^3}{\dfrac{4}{3}\pi R^3} = \left(\frac{x}{R}\right)^3,$$

所以

$$F(x) = \begin{cases} 0 & x < 0 \\ \left(\dfrac{x}{R}\right)^3 & 0 \leqslant x \leqslant R. \\ 1 & x > R \end{cases}$$

例 2.7 设 X 的分布列如表 2.1 所示,试求 $Y = \cos\left(\dfrac{\pi}{2} X\right)$ 的分布列.

表 2.1 X 的分布列

X	1	2	3	4	5	6
p	$\dfrac{1}{4}$	$\dfrac{1}{6}$	$\dfrac{1}{12}$	$\dfrac{1}{8}$	$\dfrac{5}{24}$	$\dfrac{1}{6}$

分析 X 是离散型随机变量,Y 也是离散型随机变量.当 X 取不同值时,将 Y 那些取相等的值分别合并,并把相应的概率相加,从而得到 Y 的分布列.

解 X 与 Y 的对应关系如表 2.2 所示.

表 2.2 X 与 Y 取值的对应关系

X	1	2	3	4	5	6
Y	0	-1	0	1	0	-1
p	$\dfrac{1}{4}$	$\dfrac{1}{6}$	$\dfrac{1}{12}$	$\dfrac{1}{8}$	$\dfrac{5}{24}$	$\dfrac{1}{6}$

由表 2.2 可知,Y 的取值只有 -1,0,1 三种可能,由于

$$P\{Y = -1\} = P\{X = 2\} + P\{X = 6\} = \frac{1}{6} + \frac{1}{6} = \frac{1}{3},$$

$$P\{Y = 0\} = P\{X = 1\} + P\{X = 3\} + P\{X = 5\} = \frac{1}{4} + \frac{1}{12} + \frac{5}{24} = \frac{13}{24},$$

$$P\{Y = 1\} = P\{X = 4\} = \frac{1}{8},$$

所以,$Y = \cos\dfrac{\pi}{2}X$ 的分布列如表 2.3 所示.

2.3 Y 的分布列

Y	-1	0	1
p	$\dfrac{1}{3}$	$\dfrac{13}{24}$	$\dfrac{1}{8}$

例 2.8 进行重复独立试验,设每次成功的概率为 p,失败的概率为 $q = 1 - p(0 < p < 1)$.

(1)将试验进行到出现一次成功为止,以 X 表示所需的试验次数,求 X 的分布列(此时称 X 服从以 p 为参数的几何分布).

(2)将试验进行到出现 r 次成功为止,以 Y 表示所需的试验次数,求 Y 的分布列(此时称 Y 服从以 r,p 为参数的巴斯卡分布).

(3)一篮球运动员的投篮命中率为 45%,以 X 表示他首次投中时累计已投篮的次数,写出 X 的分布列,并计算 X 取偶数的概率.

解 (1)$P(X = k) = q^{k-1}p, \quad k = 1,2,\cdots.$

(2)$\{Y = r + n\} = \{$前 $r + n - 1$ 次试验中有 n 次失败,且最后一次成功$\}$,

$$P(Y = r + n) = \binom{r+n-1}{n}q^n p^{r-1} p = \binom{r+n-1}{n}q^n p^r, \quad n = 0,1,2,\cdots,$$

其中，$q = 1 - p$，或记 $r + n = k$，则

$$P(Y = k) = \binom{k-1}{r-1} p^r (1-p)^{k-r}, \quad k = r, r+1, \cdots.$$

（3）$P(X = k) = (0.55)^{k-1} \times 0.45, \quad k = 1, 2, \cdots.$

$$P(X \text{ 取偶数}) = \sum_{k=1}^{\infty} P(X = 2k) = \sum_{k=1}^{\infty} (0.55)^{2k-1} \times 0.45 = \frac{11}{31}.$$

例 2.9　确定下列函数中的常数 A，使该函数成为一随机变量的密度函数．

（1）$f(x) = A e^{-|x|}$.

（2）$f(x) = \begin{cases} A\cos x & -\dfrac{\pi}{2} \leqslant x \leqslant \dfrac{\pi}{2} \\ 0 & \text{其他} \end{cases}$.

（3）$f(x) = \begin{cases} Ax^2 & 1 \leqslant x \leqslant 2 \\ Ax & 2 < x < 3 \\ 0 & \text{其他} \end{cases}$.

解　（1）$\displaystyle\int_{-\infty}^{+\infty} A e^{-|x|} \mathrm{d}x = 2A \int_0^{+\infty} e^{-x} \mathrm{d}x = 2A = 1$，所以 $A = \dfrac{1}{2}$.

（2）$\displaystyle\int_{-\frac{\pi}{2}}^{\frac{\pi}{2}} A\cos x \mathrm{d}x = 2A \int_0^{\frac{\pi}{2}} \cos x \mathrm{d}x = 2A = 1$，所以 $A = \dfrac{1}{2}$.

（3）$\displaystyle\int_1^2 Ax^2 \mathrm{d}x + \int_2^3 Ax \mathrm{d}x = \dfrac{29}{6} A = 1$，所以 $A = \dfrac{6}{29}$.

例 2.10　在下列范围内，函数 $F(x) = \dfrac{1}{1+x^2}$ 是否可以作为某一随机变量的分布函数？

（1）$-\infty < x < +\infty$.

（2）$0 < x < +\infty$，在其他场合适当定义．

（3）$-\infty < x < 0$，在其他场合适当定义．

解　（1）F 在 $(-\infty, +\infty)$ 内不单调，因而不可能是随机变量的分布函数．

（2）F 在 $(0, +\infty)$ 内单调下降，因而也不可能是随机变量的分布函数．

（3）F 在 $(-\infty, 0)$ 内单调上升、连续且 $F(-\infty) = 0$，若定义

$$\widetilde{F}(x) = \begin{cases} F(x) & -\infty < x < 0 \\ 1 & x \geqslant 0 \end{cases},$$

则 $\widetilde{F}(x)$ 可以是某一随机变量的分布函数．

例 2.11　设 $X \sim N(0,1)$.

（1）求 $Y = e^X$ 的概率密度．

（2）求 $Y = 2X^2 + 1$ 的概率密度．

（3）求 $Y = |X|$ 的概率密度．

解　（1）$Y = g(X) = e^X$ 是单调增函数，记 $h(y) = \ln(y)$，则 Y 的分布密度为

$$\psi(y) = \begin{cases} f[h(y)] \cdot |h'(y)| = \dfrac{1}{\sqrt{2\pi}} e^{-\frac{(\ln y)^2}{2}} \cdot \dfrac{1}{y} & 0 < y < +\infty \\ 0 & \text{其他} \end{cases}.$$

（2）在这里，$Y = 2X^2 + 1$ 在 $(+\infty, -\infty)$ 不是单调函数，没有一般的结论可用．设 Y 的分布函数是 F_Y，则

$$F_Y(y) = P(Y \leqslant y) = P(2X^2 + 1 \leqslant y)$$
$$= P\left(-\sqrt{\frac{y-1}{2}} \leqslant X \leqslant \sqrt{\frac{y-1}{2}}\right).$$

当 $y < 1$ 时，有 $F_Y(y) = 0$.

当 $y \geqslant 1$ 时，有 $F_Y(y) = P\left(-\sqrt{\frac{y-1}{2}} \leqslant X \leqslant \sqrt{\frac{y-1}{2}}\right) = \int_{-\sqrt{\frac{y-1}{2}}}^{\sqrt{\frac{y-1}{2}}} \frac{1}{\sqrt{2\pi}} e^{-\frac{x^2}{2}} dx.$

Y 的分布密度 ψ 为

当 $y < 1$ 时，有 $\psi(y) = [F_Y(y)]' = (0)' = 0$.

当 $y \geqslant 1$ 时，有

$$\psi(y) = [F_Y(y)]' = \left(\int_{-\sqrt{\frac{y-1}{2}}}^{\sqrt{\frac{y-1}{2}}} \frac{1}{\sqrt{2\pi}} e^{-\frac{x^2}{2}} dx\right)' = \frac{1}{2\sqrt{\pi(y-1)}} e^{-\frac{y-1}{4}}.$$

（3）由于 Y 的分布函数为 $F_Y(y) = P(Y \leqslant y) = P(|X| \leqslant y)$，所以，

当 $y < 0$ 时，$F_Y(y) = 0$.

当 $y \geqslant 0$ 时，$F_Y(y) = P(|X| \leqslant y) = P(-y \leqslant X \leqslant y) = \int_{-y}^{y} \frac{1}{\sqrt{2\pi}} e^{-\frac{x^2}{2}} dx.$

总之，Y 的概率密度为

当 $y < 0$ 时，$\psi(y) = [F_Y(y)]' = (0)' = 0$.

当 $y \geqslant 0$ 时，$\psi(y) = [F_Y(y)]' = \left(\int_{-y}^{y} \frac{1}{\sqrt{2\pi}} e^{-\frac{x^2}{2}} dx\right)' = \sqrt{\frac{2}{\pi}} e^{-\frac{y^2}{2}}.$

例 2.12 设 1 小时内进入某图书馆的读者人数服从泊松分布．已知 1 小时内无人进入图书馆的概率为 0.01. 求 1 小时内至少有 2 个读者进入图书馆的概率．

分析 1 小时内进入图书馆的人数是一个随机变量 X，且 $X \sim \text{Pois}(\lambda)$. 这样，$\{X = 0\}$ 表示在 1 小时内无人进入图书馆，$\{X \geqslant 2\}$ 表示在 1 小时内至少有 2 人进入图书馆．通过求参数 λ，进一步求出 $P\{X \geqslant 2\}$.

解 设 X 为在 1 小时内进入图书馆的人数，则 $X \sim \text{Pois}(\lambda)$. 这时，

$$P\{X = k\} = \frac{\lambda^k e^{-\lambda}}{k!}, \quad k = 0, 1, \cdots.$$

已知 $P\{X = 0\} = e^{-\lambda} = 0.01$，故 $\lambda = 2\ln 10$. 所求概率为

$$P\{X \geqslant 2\} = 1 - e^{-\lambda} - \lambda e^{-\lambda} = 1 - 0.01(1 + 2\ln 10) = 0.944.$$

例 2.13 设某种电池的寿命 X 服从正态 $N(a, \sigma^2)$ 分布，其中 $a = 300$ 小时，$\sigma = 35$ 小时．

（1）求电池寿命在 250 小时以上的概率；

（2）求 x，使电池寿命在 $a - x$ 与 $a + x$ 之间的概率不小于 0.9.

解 （1）$P(X > 250) = P\left(\frac{X - 300}{35} > -1.43\right)$

$$= P\left(\frac{X - 300}{35} < 1.43\right) = \Phi(1.43) \approx 0.9236.$$

$$(2)\,P(a - x < X < a + x) = P\left(-\frac{x}{35} < \frac{X - 300}{35} < \frac{x}{35}\right)$$

$$= \Phi\left(\frac{x}{35}\right) - \Phi\left(-\frac{x}{35}\right) = 2\Phi\left(\frac{x}{35}\right) - 1 \geqslant 0.9,$$

即

$$\Phi\left(\frac{x}{35}\right) \geqslant 0.95,$$

所以

$$\frac{x}{35} \geqslant 1.65,$$

即

$$x \geqslant 57.75.$$

六、习题详解

2.1 某酒吧柜台前有吧凳 7 张,此时全空着. 现有 2 位陌生人进来随机入座,试求这 2 人就座相隔凳子数 X 的分布列.

解 依题意知,X 可取值 $0,1,2,3,4,5$,两人就座的方式共有 $A_7^2 = 7 \times 6 = 42$(种),每种就座方式都是等可能的,基本事件总数就是 42,则

$$P(X = 0) = \frac{6 \times 2}{42} = \frac{2}{7}, \quad P(X = 1) = \frac{5 \times 2}{42} = \frac{5}{21}, \quad P(X = 2) = \frac{4 \times 2}{42} = \frac{4}{21},$$

$$P(X = 3) = \frac{3 \times 2}{42} = \frac{1}{7}, \quad P(X = 4) = \frac{2 \times 2}{42} = \frac{2}{21}, \quad P(X = 5) = \frac{2}{42} = \frac{1}{21}.$$

所以 X 的分布列为

X	0	1	2	3	4	5
p	$\frac{2}{7}$	$\frac{5}{21}$	$\frac{4}{21}$	$\frac{1}{7}$	$\frac{2}{21}$	$\frac{1}{21}$

2.2 某射手有 5 发子弹,射一次命中的概率为 0.75,如果命中了就停止射击,否则就一直射到子弹用尽. 试求耗用子弹数 X 的分布列.

解 显然,X 可取值 $1,2,3,4,5$,设前后两次射击的结果是独立的,则

$$P(X = 1) = 0.75 = \frac{3}{4}, \quad P(X = 2) = 0.25 \times 0.75 = \frac{3}{16},$$

$$P(X = 3) = 0.25^2 \times 0.75 = \frac{3}{64}, \quad P(X = 4) = 0.25^3 \times 0.75 = \frac{3}{256},$$

$$P(X = 5) = 0.25^4 = \frac{1}{256}.$$

所以 X 的分布列为

X	1	2	3	4	5
p	$\frac{3}{4}$	$\frac{3}{16}$	$\frac{3}{64}$	$\frac{3}{256}$	$\frac{1}{256}$

2.3 设某批电子管的合格率为 $\frac{3}{4}$,不合格率为 $\frac{1}{4}$,现对该批电子管有放回地进行测

试,设第 X 次为首次测到合格品所抽取的次数,求 X 的分布列.

解　依题意,X 服从几何分布,所以 X 的分布列为

$$P(X = k) = \left(\frac{1}{4}\right)^{k-1}\frac{3}{4} = \frac{3}{4^k},\quad k = 1,2,3,\cdots.$$

2.4　一个质地均匀的陀螺,将其圆周分成两个半圈,其中一个半圈上均匀地标明刻度 1,另外半圈上均匀地刻上区间[0,1]上诸数.在桌面上旋转它,求当它停下来时,圆周与桌面接触处的刻度 X 的分布函数.

解　设陀螺上均匀标明刻度 1 的半圈为 A,另一半圈为 B,根据题意,

$$P\{X = 1\} = P\{陀螺停下来时\ A\ 与桌面接触\} = \frac{1}{2},$$

$$P\{0 \leqslant X < 1\} = P\{陀螺停下来时\ B\ 与桌面接触\} = \frac{1}{2},$$

$$F(x) = P(X \leqslant x)$$

$$= \begin{cases} 0 & x < 0 \\ P(X \leqslant x \mid 0 \leqslant X < 1)P(0 \leqslant X < 1) = \frac{1}{2}\int_0^x 1 \mathrm{d}t = \frac{x}{2} & 0 \leqslant x < 1 \\ 1 & x \geqslant 1 \end{cases}.$$

2.5　设随机变量 X 的分布函数为

$$F(x) = \begin{cases} 0 & x < -1 \\ ax + b & -1 \leqslant x < 2 \\ 1 & x \geqslant 2 \end{cases},$$

试求:(1)常数 a,b.　(2)X 落在$(-0.5,1.5)$内的概率.

解　(1)根据分布函数的右连续性,有 $F(-1) = F(-1+0)$,$F(2) = F(2+0)$,从而

$$\begin{cases} -a + b = 0, \\ 2a + b = 1, \end{cases}$$

解得 $a = b = \frac{1}{3}$,所以,

$$F(x) = \begin{cases} 0 & x < -1 \\ \frac{1}{3}x + \frac{1}{3} & -1 \leqslant x < 2 \\ 1 & x \geqslant 2 \end{cases}.$$

(2)$P(-0.5 < X < 1.5) = P(X < 1.5) - P(X \leqslant -0.5)$

$$= F(1.5 - 0) - F(-0.5) = F(1.5) - F(-0.5) = \frac{2}{3}.$$

2.6　设随机变量 X 的分布函数为

$$F(x) = \begin{cases} 1 - \exp\left[-\left(\frac{x-2}{a}\right)\right]^3 & x \geqslant 2 \\ 0 & x < 2 \end{cases},$$

其中 $a > 0$. 试计算 $P(-1 \leqslant X \leqslant 2(a+1))$ 之值.

解 根据分布函数的性质有

$$
\begin{aligned}
P(-1 \leqslant X \leqslant 2(a+1)) &= P(X \leqslant 2(a+1)) - P(X < -1) \\
&= F(2(a+1)) - F(-1) + F(-1-0) \\
&= F(2(a+1)) = 1 - \exp(-2)^3 = 1 - e^{-8}.
\end{aligned}
$$

2.7 设随机变量 X 服从泊松分布 $\mathrm{Pois}(\lambda)$,随机变量 Y 服从泊松分布 $\mathrm{Pois}(\lambda+1)$,且 $P(X=3) = \dfrac{4}{3}e^{-2}$,试求 $P(Y=3)$ 之值.

解 因为 $P(X=3) = \dfrac{\lambda^3}{3!}e^{-\lambda} = \dfrac{4}{3}e^{-2}$,所以 $\lambda = 2$,从而 $Y \sim \mathrm{Pois}(3)$,所以

$$
P(Y=3) = \frac{3^3}{3!}e^{-3} = \frac{9}{2}e^{-3}.
$$

2.8 设离散型随机变量 X 的分布列为

X	1	2	3
p	0.2	0.3	0.5

试求 X 的分布函数.

解 因为 X 为离散型随机变量,所以 X 的分布函数为分段阶梯函数. 根据随机变量分布函数的定义 $F(x) = P(X \leqslant x) = \sum\limits_{x_i \leqslant x} P(X = x_i)$,可得

$$
F(x) = \begin{cases}
0 & x < 1 \\
0.2 & 1 \leqslant x < 2 \\
0.5 & 2 \leqslant x < 3 \\
1 & x \geqslant 3
\end{cases}.
$$

2.9 设离散型随机变量 X 的分布函数

$$
F(x) = \begin{cases}
0 & x < -1 \\
0.5 & -1 \leqslant x < 1 \\
0.8 & 1 \leqslant x < 3 \\
1 & x \geqslant 3
\end{cases}.
$$

试求 X 的分布列.

解 由分段函数 F 的定义可知,X 的取值为 $-1,1,3$,并且

$$
\begin{aligned}
P(X = -1) &= F(-1) - F(-1-0) = 0.5, \\
P(X = 1) &= F(1) - F(1-0) = 0.8 - 0.5 = 0.3, \\
P(X = 3) &= F(3) - F(3-0) = 1 - 0.8 = 0.2.
\end{aligned}
$$

所以 X 的分布列为

X	-1	1	3
p	0.5	0.3	0.2

2.10　某种产品每批中合格品率为 0.9,验收每批时规定:先从中抽取一个,若是合格品则放回去再取一个,若仍为合格品,则接受该批产品,否则拒收.求检验三批,最多有一批被拒收的概率.

解　设 $A = \{$接受受检批产品$\}$,X 为检验三批中被拒收的批数,显然 X 为随机变量,且 X 的取值为 $0,1,2,3$,设 $B = \{$检验三批最多有一批被拒收$\}$,则

$$P(A) = 0.9 \times 0.9 = 0.81, \quad P(\bar{A}) = 0.19,$$

$$P(X = 0) = P(A)^3 = 0.531\,441,$$

$$P(X = 1) = \binom{3}{4} P(\bar{A}) P(A)^2 = 0.373\,977$$

$$P(X = 2) = \binom{3}{2} P(\bar{A})^2 P(A) = 0.087\,723,$$

$$P(X = 3) = 1 - P(X = 0) - P(X = 1) - P(X = 2) = 0.006\,859,$$

$$P(B) = P(X \leqslant 1) = P(X = 0) + P(X = 1) = 0.905\,418.$$

2.11　自动生产线调整以后出现不合格品的概率为 0.1,当生产过程中出现不合格品时立即重新进行调整,求在两次调整之间所生产的合格品数 X 的分布列.

解　依题意知 X 的取值为 $0,1,2,\cdots$. 显然 X 服从几何分布,

$$P(X = k) = 0.9^k \times 0.1, \quad k = 0,1,2,\cdots.$$

2.12　设连续型随机变量 X 的密度函数为

$$f(x) = \begin{cases} \dfrac{1}{3} & 0 \leqslant x \leqslant 1 \\ \dfrac{2}{9} & 3 \leqslant x \leqslant 6 \\ 0 & \text{其他} \end{cases}.$$

试求 X 的分布函数.

解　根据分布函数与密度函数的关系 $F(x) = \displaystyle\int_{-\infty}^{x} f(t)\mathrm{d}t$,结合密度函数的分段特性,求得分布函数为

$$F(x) = \begin{cases} 0 & x < 0 \\ \dfrac{x}{3} & 0 \leqslant x < 1 \\ \dfrac{1}{3} & 1 \leqslant x < 3 \\ \dfrac{2x - 3}{9} & 3 \leqslant x < 6 \\ 1 & x \geqslant 6 \end{cases}.$$

2.13　设随机变量 X 的概率密度函数为 $f(x) = \dfrac{1}{2}\mathrm{e}^{-|x|}$, $-\infty < x < +\infty$,试求:

(1)X 的分布函数. (2)X 落在$(-5,5)$内的概率.

解 (1)根据分布函数与密度函数的关系 $F(x) = \int_{-\infty}^{x} f(t)\mathrm{d}t$,求得分布函数为

$$F(x) = \begin{cases} \dfrac{1}{2}\mathrm{e}^x & x < 0 \\ 1 - \dfrac{1}{2}\mathrm{e}^{-x} & x \geqslant 0 \end{cases}.$$

(2)$P(X \in (-5,5)) = F(5+0) - F(-5) = F(5) - F(-5)$

$$= 1 - \frac{1}{2}\mathrm{e}^{-5} - \frac{1}{2}\mathrm{e}^{-5} = 1 - \mathrm{e}^{-5}.$$

2.14 设连续型随机变量 X 的分布函数为

$$F(x) = \begin{cases} 0 & x < 0 \\ Ax^2 & 0 \leqslant x < 2 \\ 1 & x \geqslant 2 \end{cases}.$$

求:(1)系数 A. (2)X 的密度函数 $f(x)$. (3)$P(1.3 \leqslant X \leqslant 1.7)$.

解 (1)由连续型随机变量分布函数的连续性知 $F(2-0) = F(2)$,即 $4A = 1$,$A = \dfrac{1}{4}$.

(2)根据 $f(x) = (F(x))'$ 得

$$f(x) = \begin{cases} \dfrac{x}{2} & 0 < x < 2 \\ 0 & \text{其他} \end{cases} \quad (\text{注意 } F(x) \text{ 在 } x = 0,2 \text{ 处不可导}).$$

(3)$P(1.3 \leqslant X \leqslant 1.7) = F(1.7) - F(1.3-0) = F(1.7) - F(1.3) = 0.3$.

2.15 设随机变量 X 的密度函数为

$$f(x) = \begin{cases} \dfrac{1}{2} & 0 < x < 2 \\ 0 & \text{其他} \end{cases},$$

现对 X 进行 4 次独立重复观测,以 V_4 表示观测值不大于 0.2 的次数,试求概率 $P(V_4 = 2)$.

解 设 $A = \{$观测值不大于 $0.2\}$,则

$$P(A) = P(X \leqslant 0.2) = \int_0^{0.2} \frac{1}{2}\mathrm{d}t = 0.1,$$

$$P(V_4 = 2) = \binom{4}{2}P(A)^2 P(\bar{A})^2 = 0.0486.$$

2.16 设随机变量 X 和 Y 同分布,且 X 的概率密度函数为

$$f(x) = \begin{cases} 3x^2 & 0 \leqslant x \leqslant 1 \\ 0 & \text{其他} \end{cases},$$

且事件 $A = \{X > 0.5\}$ 与事件 $B = \{Y > 0.5\}$ 独立,求(1)$P(A)$. (2)$P(A \cup B)$.

解 (1) $P(A) = P(B) = \int_{0.5}^1 3x^2 \mathrm{d}x = \dfrac{7}{8}$.

(2)因为 A 与 B 独立,所以 $P(AB) = P(A)P(B)$,因此,

$$P(A \cup B) = P(A) + P(B) - P(AB) = P(A) + P(B) - P(A)P(B)$$

$$= \frac{7}{8} + \frac{7}{8} - \left(\frac{7}{8}\right)^2 = \frac{63}{64}.$$

2.17 一白糖供应站的月销售量 X（百吨）是随机变量，其概率密度函数为

$$f(x) = \begin{cases} 2x & 0 < x < 1 \\ 0 & \text{其他} \end{cases}.$$

每月至少储存多少白糖，才能以 96% 的概率不脱销？

解 设每月储存 y（百吨）白糖，才能以 96% 的概率不脱销，根据题意有 $P(X \leqslant y) = 0.96$，即

$$\int_0^y 2x \mathrm{d}x = y^2 = 0.96, \quad y = 0.979\,8.$$

每月至少储存 97.98 吨白糖，才能以 96% 的概率不脱销．

2.18 设随机变量 $X \sim N(-6.9)$，利用标准正态分布函数表计算下面的概率：

(1) $P(X > 0)$.　(2) $P\{-6 < X < 3\}$.　(3) $P\{|X| < 9\}$.

解 (1) $P(X > 0) = P\left(\frac{X+6}{3} > 2\right) = 1 - P\left(\frac{X+6}{3} \leqslant 2\right) = 1 - \Phi(2) = 0.022\,8.$

(2) $P(-6 < X < 3) = P\left(0 < \frac{X+6}{3} < 3\right) = \Phi(3) - \Phi(0) = 0.498\,65.$

(3) $P(|X| < 9) = P(-9 < X < 9) = P\left(-1 < \frac{X+6}{3} < 5\right)$

$$= \Phi(5) + \Phi(1) - 1 = 0.841\,3.$$

2.19 设随机变量 X 的分布列为

X	-1	0	1	2
p	0.2	0.3	0.1	0.4

试求：(1) $Y = 3X + 5$ 的分布列．(2) $Z = X^2 + 5$ 的分布列．

解 (1) Y 的分布列为

Y	2	5	8	14
p	0.2	0.3	0.1	0.4

(2) Z 的分布列为

Z	5	6	14
p	0.3	0.3	0.4

2.20 设随机变量 $X \sim B(3, 0.1)$，令 $Y = 2^X + 1$，试求 Y 的分布列．

解 先给出 X 的分布列为

X	0	1	2	3
p	0.729	0.243	0.027	0.001

则 Y 的分布列为

Y	2	3	5	9
p	0.729	0.243	0.027	0.001

2.21 设随机变量 X 服从 $[0,2]$ 上的均匀分布,求随机变量 $Y=X^2+1$ 的分布函数与密度函数.

解 先求 Y 的分布函数. 根据分布函数定义有

$$F_Y(y)=P(Y\leqslant y)=P(X^2+1\leqslant y)=P(X^2\leqslant y-1)$$

$$=\begin{cases}0 & y<1 \\ P(-\sqrt{y-1}\leqslant X\leqslant\sqrt{y-1}) & y\geqslant 1\end{cases}$$

$$=\begin{cases}0 & y<1 \\ \dfrac{\sqrt{y-1}}{2} & 1\leqslant y<5 \\ 1 & y\geqslant 5\end{cases},$$

从而

$$f_Y(y)=(F_Y(y))'=\begin{cases}\dfrac{1}{4\sqrt{y-1}} & 1<y<5 \\ 0 & \text{其他}\end{cases}.$$

第三章　随机向量及其分布

一、基 本 内 容

随机向量的联合分布函数、边缘分布函数及其性质;随机变量的独立性;二维离散型随机向量的联合分布、边缘分布及其性质;二维连续型随机向量的联合密度函数、边缘密度函数及其性质;离散型随机变量的条件分布列;连续型随机变量的条件密度函数;二维随机向量函数的分布.

二、基 本 要 求

(1)理解二维随机向量的概念.

(2)理解二维随机向量联合分布函数的概念及性质.

(3)会求二维离散型随机向量的联合分布列、边缘分布列和条件分布列.

(4)会求二维连续型随机向量的联合分布密度函数、边缘分布密度函数和条件密度函数.

(5)会利用二维概率分布函数求有关事件的概率.

(6)牢记常用的离散型和连续型随机向量的分布.

(7)理解随机变量独立性的概念,掌握离散型和连续型随机变量独立的充要条件.

(8)会求二维离散型和连续型随机变量的较为简单的函数的分布.

三、基本知识提要

(一)二维随机向量

1. 二维随机向量的联合分布函数定义

$$F_{X,Y}(x,y) = P(\omega \in \Omega: X(\omega) \leqslant x, Y(\omega) \leqslant y), \forall (x,y) \in \mathbf{R}^2.$$

2. 二维随机向量分布函数的性质

(1)$0 \leqslant F_{X,Y}(x,y) \leqslant 1, \forall (x,y) \in \mathbf{R}^2.$

(2)$F_{X,Y}(x,y)$关于每个变元 x 和 y 分别是单增右连续的.

(3)$\lim\limits_{x \to -\infty} F_{X,Y}(x,y) = 0, \forall y \in \mathbf{R}.$　$\lim\limits_{y \to -\infty} F_{X,Y}(x,y) = 0, \forall x \in \mathbf{R}.$

　$\lim\limits_{\substack{x \to +\infty \\ y \to +\infty}} F_{X,Y}(x,y) = 1.$

(4)对任意$(x,y)\in \mathbf{R}^2$ 和 $\Delta x>0,\Delta y>0$ 有

$$\Delta_{(x,y)}^{(x+\Delta x,y+\Delta y)}F_{X,Y}(t_1,t_2)$$

$$= F_{X,Y}(x+\Delta x,y+\Delta y) - F_{X,Y}(x,y+\Delta y) - F_{X,Y}(x+\Delta x,y) + F_{X,Y}(x,y)$$

$$= P(x<X\leqslant x+\Delta x,y<Y\leqslant y+\Delta y)\geqslant 0.$$

3. 二维随机向量的边缘分布

$$F_X(x) = P(X\leqslant x) = P(X\leqslant x,Y<+\infty)$$

$$= F_{X,Y}(x,+\infty) = \lim_{y\to+\infty}F_{X,Y}(x,y).$$

称 F_X 为 X 的边缘分布函数,同理可得 Y 的边缘分布函数 F_Y.

由二维随机向量的联合分布函数可以完全确定边缘分布函数,但是边缘分布函数不能完全确定联合分布函数.

4. 随机变量的独立性

设 $F_{X,Y},F_X,F_Y$ 分别为二维随机向量(X,Y)的联合分布函数和边缘分布函数. 若对任意实数 x,y 有

$$P(X\leqslant x,Y\leqslant y) = P(X\leqslant x)P(Y\leqslant y),$$

即

$$F_{X,Y}(x,y) = F_X(x)F_Y(y),$$

则称随机变量 X 和 Y 相互独立.

(二)二维离散型随机向量

1. 二维离散型随机向量的联合分布列和边缘分布列

设二维离散型随机向量(X,Y)的取值为(x_i,y_j),$i,j=1,2,\cdots$,分布列为

$$P(X=x_i,Y=y_j) = p_{ij},\quad i,j=1,2,\cdots,$$

则有

(1)$p_{ij}\geqslant 0$.

(2)$\displaystyle\sum_{i=1}^{+\infty}\sum_{j=1}^{+\infty}p_{ij} = 1$.

二维离散型随机向量的联合分布列和边缘分布列如表3.1所示.

2. 二维离散型随机变量独立的充要条件

$$P(X=x_i,Y=y_j) = P(X=x_i)P(Y=y_j),\quad i,j=1,2,\cdots.$$

即 $p_{ij} = p_{i\cdot}\times p_{\cdot j}$,$i,j=1,2,\cdots$,其中,$p_{i\cdot} = \displaystyle\sum_{j=1}^{\infty}p_{ij}$,$p_{\cdot j} = \displaystyle\sum_{i=1}^{\infty}p_{ij}$.

表 3.1　二维离散型随机向量的联合分布列和边缘分布列

X	Y					X 的边缘分布 $p_i.$
	y_1	y_2	$\cdots$	y_j	$\cdots$	
x_1	p_{11}	p_{12}	$\cdots$	p_{1j}	$\cdots$	$p_1. = \sum\limits_j p_{1j}$
x_2	p_{21}	p_{22}	$\cdots$	p_{2j}	$\cdots$	$p_2. = \sum\limits_j p_{2j}$
$\vdots$	$\vdots$	$\vdots$		$\vdots$		$\vdots$
x_i	p_{i1}	p_{i2}	$\cdots$	p_{ij}	$\cdots$	$p_i. = \sum\limits_j p_{ij}$
$\vdots$	$\vdots$	$\vdots$		$\vdots$		$\vdots$
Y 的边缘分布 $p_{\cdot j}$	$p_{\cdot 1} = \sum\limits_i p_{i1}$	$p_{\cdot 2} = \sum\limits_i p_{i2}$	$\cdots$	$p_{\cdot j} = \sum\limits_i p_{ij}$	$\cdots$	1

3. 三项分布

设随机试验只有 A，B 和 C 三个结果，各结果出现的概率分别为 p，q 和 $1 - p - q$，现将该随机试验独立地做 n 次，记 X 和 Y 分别为 n 次试验中 A 和 B 发生的次数，则 (X, Y) 的联合分布为

$$P(X = i, Y = j) = \binom{n}{i}\binom{n-i}{j} p^i q^j (1 - p - q)^{n-i-j}, \quad 0 \leqslant i + j \leqslant n.$$

而 X 和 Y 的边缘分布分别为 $X \sim B(n, p)$，$Y \sim B(n, q)$。

4. 二维离散型随机变量的条件分布列

已知事件 $\{Y = b_j\}$ 发生的条件下 X 的分布列称为条件分布列：

$$P(X = a_i | Y = b_j) = \frac{P(X = a_i, Y = b_j)}{P(Y = b_j)} = \frac{p_{ij}}{p_{\cdot j}}, \quad i = 1, 2, \cdots.$$

类似地，在事件 $\{X = a_i\}$ 发生的条件下 Y 的条件分布列为

$$P(Y = b_j | X = a_i) = \frac{P(X = a_i, Y = b_j)}{P(X = a_i)} = \frac{p_{ij}}{p_i.}, \quad j = 1, 2, \cdots,$$

其中，$p_i. = \sum\limits_{j=1}^{\infty} p_{ij} = P(X = a_i)$，$p_{\cdot j} = \sum\limits_{i=1}^{\infty} p_{ij} = P(Y = b_j)$。

(三)二维连续型随机向量

1. 二维连续型随机向量的联合分布密度函数及边缘分布密度函数

若二维随机向量 (X, Y) 为连续型随机向量，则其分布函数为

$$F_{X,Y}(x, y) = \int_{-\infty}^{x} \int_{-\infty}^{y} f_{X,Y}(u, v) \mathrm{d}u \mathrm{d}v, \quad (x, y) \in \mathbf{R}^2,$$

其中，$f_{X,Y}$ 称为 (X, Y) 的联合分布密度函数，满足

(1) $f_{X,Y}(x, y) \geqslant 0, (x, y) \in \mathbf{R}^2$。

(2) $\int_{-\infty}^{+\infty} \int_{-\infty}^{+\infty} f_{X,Y}(u, v) \mathrm{d}u \mathrm{d}v = 1$。

(3)对二维平面的任何区域 D,有

$$P((X,Y) \in D) = \iint\limits_{D} f_{X,Y}(x,y)\mathrm{d}x\mathrm{d}y .$$

(4)X 和 Y 的边缘分布密度函数分别为

$$f_X(x) = \int_{-\infty}^{+\infty} f_{X,Y}(x,y)\mathrm{d}y, \quad f_Y(y) = \int_{-\infty}^{+\infty} f_{X,Y}(x,y)\mathrm{d}x.$$

2. 二维连续型随机向量独立的充要条件

记 (X,Y) 的联合分布密度函数为 $f_{X,Y}$,边缘分布密度函数分别为 f_X 和 f_Y,则 X 和 Y 独立的充要条件是

$$f_{X,Y}(x,y) = f_X(x) \cdot f_Y(y), \quad \forall (x,y) \in \mathbf{R}^2.$$

3. 二维均匀分布

设 D 为二维平面上的一个有界区域,面积为 S_D,若二维随机向量 (X,Y) 的联合分布密度函数

$$f_{X,Y}(x,y) = \begin{cases} \dfrac{1}{S_D} & (x,y) \in D \\ 0 & \text{其他} \end{cases},$$

则称 (X,Y) 服从 D 上的均匀分布.

4. 二维正态分布

若二维随机向量 (X,Y) 的联合分布密度函数为

$$f_{X,Y}(x,y) = \frac{1}{2\pi\sigma_1\sigma_2 \sqrt{1-\rho^2}} \cdot$$

$$\exp\left\{ -\frac{1}{2(1-\rho^2)}\left[\frac{(x-\mu_1)^2}{\sigma_1^2} - 2\rho\frac{(x-\mu_1)(y-\mu_2)}{\sigma_1\sigma_2} + \frac{(y-\mu_2)^2}{\sigma_2^2} \right] \right\},$$

则称 (X,Y) 服从参数为 $\mu_1,\mu_2,\sigma_1^2,\sigma_2^2,\rho$ 的正态分布,记为 $(X,Y) \sim N(\mu_1,\mu_2,\sigma_1^2,\sigma_2^2,\rho)$.
经计算可知,X 的边缘分布为 $N(\mu_1,\sigma_1^2)$,Y 的边缘分布为 $N(\mu_2,\sigma_2^2)$.

5. 二维连续型随机向量的条件密度函数

记 (X,Y) 的联合分布密度函数为 $f_{X,Y}$,边缘分布密度函数分别为 f_X 和 f_Y,若 $f_Y(y) > 0$,则在 $\{Y=y\}$ 发生的条件下 X 的条件密度函数定义为

$$f_{X|Y}(x|y) = \frac{f_{X,Y}(x,y)}{f_Y(y)}, \quad \forall x \in \mathbf{R}.$$

若 $f_X(x) > 0$,则在 $\{X=x\}$ 发生的条件下 Y 的条件密度函数定义为

$$f_{Y|X}(y|x) = \frac{f_{X,Y}(x,y)}{f_X(x)}, \quad \forall y \in \mathbf{R}.$$

(四)二维随机向量函数的分布

1. 二维离散型随机向量函数的分布

若二维离散型随机向量 (X,Y) 的分布列为

$$P(X = x_i, Y = y_j) = p_{ij}, \quad i,j = 1,2,\cdots,$$

则 $Z = g(X,Y)$ 的分布列为

$$P(Z = z_k) = \sum_{g(x_i, y_j) = z_k} p_{ij}, \quad k = 1, 2, \cdots.$$

特别地, $Z = X + Y$ 的分布列为

$$P(Z = z_k) = \sum_{x_i + y_j = z_k} p_{ij}, \quad k = 1, 2, \cdots.$$

2. 二维连续型随机向量函数的分布

记 (X, Y) 的联合分布密度函数为 $f_{X,Y}$, $D_z = \{(x, y) \mid g(x, y) \leqslant z\}$, 则随机变量 $Z = g(X, Y)$ 的分布函数为

$$F_Z(z) = P(Z \leqslant z) = P((X, Y) \in D_z) = \iint\limits_{D_z} f_{X,Y}(x, y) \mathrm{d}x \mathrm{d}y.$$

特别地,

(1) $Z = X + Y$ 的分布函数为

$$F_Z(z) = P_Z(Z \leqslant z) = P(X + Y \leqslant z) = \iint\limits_{x+y \leqslant z} f_{X,Y}(x, y) \mathrm{d}x \mathrm{d}y$$

$$= \int_{-\infty}^{+\infty} \mathrm{d}x \int_{-\infty}^{z-x} f_{X,Y}(x, y) \mathrm{d}y.$$

对 $F_Z(z)$ 求导, 得到 Z 的分布密度函数为

$$f_Z(z) = \int_{-\infty}^{+\infty} f_{X,Y}(x, z - x) \mathrm{d}x, \quad \text{或} \quad f_Z(z) = \int_{-\infty}^{+\infty} f_{X,Y}(z - y, y) \mathrm{d}y.$$

若 X 与 Y 独立, 则

$$f_Z(z) = \int_{-\infty}^{+\infty} f_X(x) f_Y(z - x) \mathrm{d}x, \quad \text{或} \quad f_Z(z) = \int_{-\infty}^{+\infty} f_X(z - y) f_Y(y) \mathrm{d}y.$$

(2) 若 $X_1, X_2, \cdots, X_n$ 相互独立, 则 $U = \max\{X_1, X_2, \cdots, X_n\}$ 的分布函数为 $F_U(u) = F_{X_1}(u) F_{X_2}(u) \cdots F_{X_n}(u)$; 而 $V = \min\{X_1, X_2, \cdots, X_n\}$ 的分布函数为

$$F_V(v) = 1 - [1 - F_{X_1}(v)][1 - F_{X_2}(v)] \cdots [1 - F_{X_n}(v)].$$

(3) 若随机变量 X, Y 相互独立, 则 $Z = \dfrac{Y}{X}$ 的概率密度函数为

$$f_Z(z) = \int_{-\infty}^{+\infty} |x| f_X(x) f_Y(zx) \mathrm{d}x.$$

四、疑 难 分 析

1. 二维离散型随机向量的函数的分布列

首先要给出二维离散型随机向量 (X, Y) 的所有取值 (x_i, y_j) 及其对应的概率 p_{ij}, 然后计算出每个 (x_i, y_j) 对应的 $Z = g(X, Y)$ 的值 $z_k = g(x_i, y_j)$, 最后对那些 Z 值相同的项进行合并, 从而给出 Z 的分布列.

2. 二维连续型随机向量概率求值

对于二维连续型随机向量概率求值问题, 主要是要正确地把二重积分化为累次积分.

3. 二维连续型随机向量的独立性

两个随机变量独立的定义是 $F_{X,Y}(x, y) = F_X(x) F_Y(y)$, $\forall (x, y) \in \mathbf{R}^2$. 对于连续

型,独立的充要条件是 $f_{X,Y}(x,y)=f_X(x)\cdot f_Y(y), \forall (x,y)\in \mathbf{R}^2$.

4. 二维连续型随机向量函数的分布

记 (X,Y) 的联合分布密度函数为 $f_{X,Y}$,则随机向量 $Z=g(X,Y)$ 的分布函数为 $F_Z(z)=\iint\limits_{g(x,y)\leqslant z} f_{X,Y}(x,y)\mathrm{d}x\mathrm{d}y.$ 要正确地给出 Z 的分布函数,就必须熟练掌握二重积分的求法. 这可能是初学者的一个难点.

五、典型例题选讲

例 3.1 设 (X,Y) 的分布函数为 F,试用 F 的取值来表示如下概率:
(1) $P(a<X\leqslant b,Y\leqslant c)$. (2) $P(a<Y\leqslant b)$. (3) $P(X>a,Y\leqslant b)$.

解 (1) $P(a<X\leqslant b,Y\leqslant c)=F(b,c)-F(a,c)$ (见图 3.1)

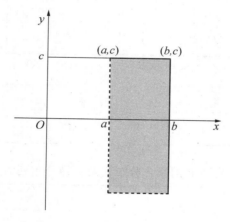

图 3.1 用分布函数计算概率示意图

(2) $P(a<Y\leqslant b)=F(+\infty,b)-F(+\infty,a)$.
(3) $P(X>a,Y\leqslant b)=F(+\infty,b)-F(a,b)$.

例 3.2 设 (X,Y) 的分布列为

Y	X		
	1	2	3
1	$\frac{1}{18}$	$\frac{1}{6}$	$\frac{1}{9}$
2	a	$\frac{1}{3}$	b

(1) 求 a,b 应满足的条件.
(2) 若 X 与 Y 独立,求 a,b 的值并给出边缘分布列.

解 (1) 由分布列知 $\frac{1}{18}+\frac{1}{6}+\frac{1}{9}+a+\frac{1}{3}+b=1$,得 $a+b=\frac{1}{3}$.

(2)若 X 与 Y 独立,则

$$P(X=i,Y=j)=P(X=i)P(Y=j).$$

又知 $P(X=1)=\dfrac{1}{18}+a$,$P(X=3)=\dfrac{1}{9}+b$,$P(Y=2)=a+\dfrac{1}{3}+b=1-P(Y=1)=$

$1-\dfrac{1}{3}=\dfrac{2}{3}$,所以 $a=P(X=1,Y=2)=\left(\dfrac{1}{18}+a\right)\times\dfrac{2}{3}$,得 $a=\dfrac{1}{9}$,$b=P(X=3,Y=2)=$

$\left(\dfrac{1}{9}+b\right)\times\dfrac{2}{3}$,得 $b=\dfrac{2}{9}$,故 X 与 Y 的边缘分布列为

Y	X			Y 的边缘分布
	1	2	3	
1	$\dfrac{1}{18}$	$\dfrac{1}{6}$	$\dfrac{1}{9}$	$\dfrac{1}{3}$
2	$\dfrac{1}{9}$	$\dfrac{1}{3}$	$\dfrac{2}{9}$	$\dfrac{2}{3}$
X 的边缘分布	$\dfrac{1}{6}$	$\dfrac{1}{2}$	$\dfrac{1}{3}$	1

X	1	2	3
p	$\dfrac{1}{6}$	$\dfrac{1}{2}$	$\dfrac{1}{3}$

Y	1	2
p	$\dfrac{1}{3}$	$\dfrac{2}{3}$

例 3.3　设随机变量 X 和 Y 的联合分布列及边缘分布列为

Y	X			Y 的边缘分布
	0	1	2	
0	$\dfrac{1}{6}$	$\dfrac{1}{3}$	$\dfrac{1}{12}$	$\dfrac{7}{12}$
1	$\dfrac{2}{9}$	$\dfrac{1}{6}$	0	$\dfrac{7}{18}$
2	$\dfrac{1}{36}$	0	0	$\dfrac{1}{36}$
X 的边缘分布	$\dfrac{5}{12}$	$\dfrac{1}{2}$	$\dfrac{1}{12}$	1

试求:(1)概率 $P(X\leqslant Y)$.

(2)$Z=X+Y$ 和 $U=XY$ 的分布列.

(3)在 $X=1$ 的条件下,Y 的条件分布列.

(4)在 $Y=0$ 的条件下,X 的条件分布列.

解　(1)$P(X\leqslant Y)=P(X=0,Y=0)+P(X=0,Y=1)+P(X=0,Y=2)+$

$\qquad\qquad P(X=1,Y=1)+P(X=1,Y=2)+P(X=2,Y=2)$

$\qquad =\dfrac{1}{6}+\dfrac{2}{9}+\dfrac{1}{36}+\dfrac{1}{6}+0+0=\dfrac{7}{12}.$

（2）

p	$\dfrac{1}{6}$	$\dfrac{2}{9}$	$\dfrac{1}{36}$	$\dfrac{1}{3}$	$\dfrac{1}{6}$	0	$\dfrac{1}{12}$	0	0
(X,Y)	$(0,0)$	$(0,1)$	$(0,2)$	$(1,0)$	$(1,1)$	$(1,2)$	$(2,0)$	$(2,1)$	$(2,2)$
$Z = X + Y$	0	1	2	1	2	3	2	3	4
$U = XY$	0	0	0	0	1	2	0	2	4

所以，$Z = X + Y$ 和 $U = XY$ 的分布列分别为

$Z = X + Y$	0	1	2
p	$\dfrac{1}{6}$	$\dfrac{5}{9}$	$\dfrac{5}{18}$

和

$U = XY$	0	1
p	$\dfrac{5}{6}$	$\dfrac{1}{6}$

（3）在 $X = 1$ 的条件下，Y 的条件分布列为

$$P(Y = 0 \mid X = 1) = \frac{P(X = 1, Y = 0)}{P(X = 1)} = \frac{\dfrac{1}{3}}{\dfrac{1}{2}} = \frac{2}{3},$$

$$P(Y = 1 \mid X = 1) = \frac{1}{3}, \quad P(Y = 2 \mid X = 1) = 0.$$

即

$Y = k$	0	1	2
$P(Y = k \mid X = 1)$	$\dfrac{2}{3}$	$\dfrac{1}{3}$	0

（4）在 $Y = 0$ 的条件下，X 的条件分布列为

$$P(X = 0 \mid Y = 0) = \frac{P(x = 0, Y = 0)}{P(Y = 0)} = \frac{\dfrac{1}{6}}{\dfrac{7}{12}} = \frac{2}{7},$$

$$P(X = 1 \mid Y = 0) = \frac{4}{7}, \quad P(X = 2 \mid Y = 0) = \frac{1}{7}.$$

即

$X = k$	0	1	2
$P(X = k \mid Y = 0)$	$\dfrac{2}{7}$	$\dfrac{4}{7}$	$\dfrac{1}{7}$

例 3.4 设随机变量 (X, Y) 的联合概率密度为

$$f(x, y) = \begin{cases} k(6 - x - y) & 0 < x < 2, 2 < y < 4 \\ 0 & \text{其他} \end{cases}.$$

(1)确定常数 k.

(2)求 $P(X < 1, Y \leqslant 5)$.

(3)求 $P(X + Y < 3)$.

解 (1)由 $\int_{-\infty}^{+\infty}\int_{-\infty}^{+\infty} f(x, y)\mathrm{d}x\mathrm{d}y = 1$,确定常数 k,因为

$$\int_{-\infty}^{+\infty}\int_{-\infty}^{+\infty} f(x, y)\mathrm{d}x\mathrm{d}y = \int_{0}^{2}\int_{2}^{4} k(6 - x - y)\mathrm{d}x\mathrm{d}y = k\int_{0}^{2}(6 - 2x)\mathrm{d}x = 8k = 1,$$

所以 $k = \dfrac{1}{8}$.

$$(2) \ P(X < 1, Y \leqslant 5) = \int_{-\infty}^{1}\int_{-\infty}^{5} f(x, y)\mathrm{d}y\mathrm{d}x = \int_{0}^{1}\int_{2}^{4}\frac{1}{8}(6 - x - y)\mathrm{d}y\mathrm{d}x$$

$$= \int_{0}^{1}\left(\frac{3}{4} - \frac{1}{4}x\right)\mathrm{d}x = \frac{5}{8}.$$

$$(3) \ P(X + Y < 3) = \int_{0}^{1}\mathrm{d}x\int_{2}^{3-x}\frac{1}{8}(6 - x - y)\mathrm{d}y = \frac{5}{24}.$$

例 3.5 设随机变量 (X, Y) 的联合概率密度为

$$f(x, y) = \begin{cases} \dfrac{1}{\pi R^2} & x^2 + y^2 \leqslant R^2 \\ 0 & \text{其他} \end{cases}.$$

(1)求 X 与 Y 的边缘密度函数.

(2)求 X 与 Y 的条件概率密度,并判断 X 与 Y 是否独立.

解 (1)当 $x < -R$ 或 $x > R$ 时,

$$f_X(x) = \int_{-\infty}^{+\infty} f(x, y)\mathrm{d}y = \int_{-\infty}^{+\infty} 0\mathrm{d}y = 0.$$

当 $-R \leqslant x \leqslant R$ 时,

$$f_X(x) = \int_{-\infty}^{+\infty} f(x, y)\mathrm{d}y = \frac{1}{\pi R^2}\int_{-\sqrt{R^2-x^2}}^{+\sqrt{R^2-x^2}}\mathrm{d}y = \frac{2}{\pi R^2}\sqrt{R^2 - x^2}.$$

于是

$$f_X(x) = \begin{cases} \dfrac{2}{\pi R^2}\sqrt{R^2 - x^2} & -R \leqslant x \leqslant R \\ 0 & \text{其他} \end{cases}.$$

同理可得

$$f_Y(y) = \begin{cases} \dfrac{2}{\pi R^2}\sqrt{R^2 - y^2} & -R \leqslant y \leqslant R \\ 0 & \text{其他} \end{cases}.$$

(2) $f_{X|Y}(x \mid y) = \dfrac{f(x, y)}{f_Y(y)}$,注意在 $Y = y$ 处 x 值位于 $|x| \leqslant \sqrt{R^2 - y^2}$ 范围内,$f(x, y)$ 才有非零值,因此有

$$f_{X|Y}(x|y) = \frac{\dfrac{1}{\pi R^2}}{\dfrac{2}{\pi R^2}\sqrt{R^2-y^2}} = \frac{1}{2\sqrt{R^2-y^2}} \,,$$

则 $Y = y$ 的条件下, X 的条件概率密度为

$$f_{X|Y}(x|y) = \begin{cases} \dfrac{1}{2\sqrt{R^2-y^2}} & |x| \leqslant \sqrt{R^2-y^2} \\ 0 & \text{其他} \end{cases}.$$

同理可得 $X = x$ 的条件下, Y 的条件概率密度为

$$f_{Y|X}(y|x) = \begin{cases} \dfrac{1}{2\sqrt{R^2-x^2}} & |y| \leqslant \sqrt{R^2-x^2} \\ 0 & \text{其他} \end{cases}.$$

由上可知, $f_{X,Y}(x,y) \neq f_X(x)f_Y(y)$, 所以 X 与 Y 不独立.

例 3.6 设随机向量 (X,Y) 的联合概率密度为

$$f(x,y) = \begin{cases} 2e^{-(x+2y)} & x>0, y>0 \\ 0 & \text{其他} \end{cases}.$$

求随机变量 $Z = X + 2Y$ 的分布函数.

解 由定义可知

$$F_Z(z) = P(X + 2Y \leqslant z),$$

当 $z < 0$ 时,

$$F_Z(z) = \iint\limits_{x+2y\leqslant z} f(x,y)\mathrm{d}x\mathrm{d}y = \iint\limits_{x+2y\leqslant z} 0\mathrm{d}x\mathrm{d}y = 0,$$

当 $z \geqslant 0$ 时,

$$\begin{aligned} F_Z(z) &= \iint\limits_{x+2y\leqslant z} f(x,y)\mathrm{d}x\mathrm{d}y = \int_0^z \mathrm{d}x \int_0^{(z-x)/2} 2e^{-(x+2y)}\mathrm{d}y \\ &= \int_0^z e^{-x}(1-e^{x-z})\mathrm{d}x = \int_0^z (e^{-x} - e^{-z})\mathrm{d}x \\ &= \left[-e^{-x}\right]\big|_0^z - ze^{-z} = 1 - e^{-z} - ze^{-z}, \end{aligned}$$

故分布函数为

$$F_Z(z) = \begin{cases} 0 & z<0 \\ 1 - e^{-z} - ze^{-z} & z \geqslant 0 \end{cases}.$$

例 3.7 设随机变量 X, Y 相互独立, 且它们的概率密度均为

$$f(x) = \begin{cases} e^{-x} & x>0 \\ 0 & \text{其他} \end{cases}.$$

求 $Z = Y/X$ 的概率密度.

解 $f_X(x) = \begin{cases} e^{-x} & x>0 \\ 0 & \text{其他} \end{cases}$, $f_Y(y) = \begin{cases} e^{-y} & y>0 \\ 0 & \text{其他} \end{cases}.$

因为 X, Y 独立, 所以

$$f_Z(z) = \int_{-\infty}^{+\infty} |x| f_X(x) f_Y(zx)\mathrm{d}x.$$

而由 X 的密度函数可知上式中的被积函数不等于 0, 仅当

$$\begin{cases} x > 0 \\ xz > 0 \end{cases}, \quad \text{即} \quad \begin{cases} x > 0 \\ z > 0 \end{cases}.$$

于是, 当 $z > 0$ 时, 有

$$f_Z(z) = \int_0^{+\infty} x e^{-x} e^{-xz} \, dx = \int_0^{+\infty} x e^{-x(z+1)} \, dx = \frac{1}{(z+1)^2}.$$

当 $z \leqslant 0$ 时, $f_Z(z) = 0$.

综上所述, $f_Z(z) = \begin{cases} \dfrac{1}{(z+1)^2} & z > 0 \\ 0 & z \leqslant 0 \end{cases}$.

六、习 题 详 解

3.1 袋中装有红、白、黑颜色的球分别为 5 个、3 个与 2 个. 现在无放回抽取 3 个球, 以 X, Y 分别表示取出 3 个球中红、白球的个数, 求 (X, Y) 的联合分布列.

解 由题意知

$$P(X = i, Y = j) = \frac{\dbinom{5}{i}\dbinom{3}{j}\dbinom{2}{3-i-j}}{\dbinom{10}{3}}, \quad 1 \leqslant i + j \leqslant 3; \quad i = 0,1,2,3; \quad j = 0,1,2,3.$$

所以 (X, Y) 的联合分布列为

X	Y			
	0	1	2	3
0	0	$\dfrac{1}{40}$	$\dfrac{1}{20}$	$\dfrac{1}{120}$
1	$\dfrac{1}{24}$	$\dfrac{1}{4}$	$\dfrac{1}{8}$	0
2	$\dfrac{1}{6}$	$\dfrac{1}{4}$	0	0
3	$\dfrac{1}{12}$	0	0	0

3.2 设 (X, Y) 的密度函数为

$$f(x, y) = \begin{cases} Axy & 0 < x < 1, 0 < y < 1 \\ 0 & \text{其他} \end{cases}.$$

求: (1) 常数 A. (2) $P(X < 0.4, Y < 1.3)$.

解 (1) 因为 $\displaystyle\int_{-\infty}^{+\infty}\int_{-\infty}^{+\infty} f(x, y) \, dx \, dy = 1$, 可得 $\displaystyle\int_0^1\int_0^1 Axy \, dx \, dy = 1$, 即 $\displaystyle\int_0^1 \frac{A}{2} x \, dx = \frac{A}{4} = 1$, 所以 $A = 4$.

(2) $P(X<0.4,Y<1.3)=\int_{-\infty}^{0.4}\mathrm{d}x\int_{-\infty}^{1.3}f(x,y)\mathrm{d}y=\int_0^{0.4}\mathrm{d}x\int_0^1 4xy\mathrm{d}y$

$$=\int_0^{0.4}2x\mathrm{d}x=0.16.$$

3.3 设二维随机向量(X,Y)的联合分布列为

X	Y		
	1	2	3
1	0.01	0.03	0.06
2	0.02	0.06	0.12
3	0.07	0.21	0.42

求 $P(X\leqslant Y)$.

解 $P(X\leqslant Y)$

$=P(X=1,Y=1)+P(X=1,Y=2)+P(X=1,Y=3)+$

$P(X=2,Y=2)+P(X=2,Y=3)+P(X=3,Y=3)$

$=0.01+0.03+0.06+0.06+0.12+0.42$

$=0.7.$

3.4 已知 X,Y 同分布,且 X 的分布列为

$$P(X=-1)=P(X=1)=\frac{1}{4},\quad P(X=0)=\frac{1}{2},$$

又知 $P(XY=0)=1$. 试求(X,Y)的联合分布列.

解 $P(XY=0)=P((X=0)\bigcup(Y=0))=P(X=0)+P(Y=0)-P(X=0,Y=0)$,
而 X,Y 同分布,且

$$P(X=0)=\frac{1}{2},\quad P(Y=0)=\frac{1}{2},\quad P(XY=0)=1,$$

所以

$$P(X=0,Y=0)=P(X=-1,Y=-1)=P(X=-1,Y=1)$$
$$=P(X=1,Y=-1)=P(X=1,Y=1)=0,$$

故(X,Y)的联合分布列为

X	Y			$p_i.$
	-1	0	1	
-1	0	$\frac{1}{4}$	0	$\frac{1}{4}$
0	$\frac{1}{4}$	0	$\frac{1}{4}$	$\frac{1}{2}$
1	0	$\frac{1}{4}$	0	$\frac{1}{4}$
$p.j$	$\frac{1}{4}$	$\frac{1}{2}$	$\frac{1}{4}$	1

3.5 设 (X,Y) 的密度函数为

$$f(x,y) = \begin{cases} 12\mathrm{e}^{-ax-4y} & x > 0, y > 0 \\ 0 & \text{其他} \end{cases}.$$

试求:(1)常数 a. (2)(X,Y) 的联合分布函数.

解 (1)因为 $\int_{-\infty}^{+\infty}\int_{-\infty}^{+\infty} f(x,y)\mathrm{d}x\mathrm{d}y = 1$,则有

$$\int_0^{+\infty}\int_0^{+\infty} 12\mathrm{e}^{-ax-4y}\mathrm{d}x\mathrm{d}y = \int_0^{+\infty} -3\mathrm{e}^{-ax}(\mathrm{e}^{-4y}\big|_0^{+\infty})\mathrm{d}x$$

$$= \int_0^{+\infty} 3\mathrm{e}^{-ax}\mathrm{d}x = -\frac{3}{a}\mathrm{e}^{-ax}\bigg|_0^{+\infty}$$

$$= \frac{3}{a} = 1,$$

所以 $a = 3$.

(2) $F(x,y) = \int_{-\infty}^x\int_{-\infty}^y f(u,v)\mathrm{d}u\mathrm{d}v$.

1) 当 $x \leqslant 0$ 或 $y \leqslant 0$ 时,$F(x,y) = \int_{-\infty}^x\int_{-\infty}^y 0\mathrm{d}u\mathrm{d}v = 0$.

2) 当 $x > 0$ 且 $y > 0$ 时,

$$F(x,y) = \int_{-\infty}^x\int_{-\infty}^y f(u,v)\mathrm{d}u\mathrm{d}v$$

$$= \int_0^x\int_0^y 12\mathrm{e}^{-3u}\mathrm{e}^{-4v}\mathrm{d}u\mathrm{d}v = \int_0^x 3\mathrm{e}^{-3u}(-\mathrm{e}^{-4v})\bigg|_0^y\mathrm{d}u$$

$$= \int_0^x 3\mathrm{e}^{-3u}(1-\mathrm{e}^{-4y})\mathrm{d}u = (1-\mathrm{e}^{-4y})(-\mathrm{e}^{-3u})\bigg|_0^x$$

$$= (1-\mathrm{e}^{-3x})(1-\mathrm{e}^{-4y}).$$

所以

$$F(x,y) = \begin{cases} (1-\mathrm{e}^{-3x})(1-\mathrm{e}^{-4y}) & x > 0, y > 0 \\ 0 & \text{其他} \end{cases}.$$

3.6 设二维随机变量 (X,Y) 的联合分布列如下表所示,求关于 X 和 Y 的边缘分布列.

X	Y		
	-1	0	2
-1	$\frac{1}{8}$	$\frac{1}{8}$	$\frac{1}{8}$
0	$\frac{1}{8}$	0	$\frac{1}{8}$
1	$\frac{1}{8}$	$\frac{1}{8}$	$\frac{1}{8}$

解 由题意知

X	Y			$p_i.$
	-1	0	2	
-1	$\frac{1}{8}$	$\frac{1}{8}$	$\frac{1}{8}$	$\frac{3}{8}$
0	$\frac{1}{8}$	0	$\frac{1}{8}$	$\frac{1}{4}$
1	$\frac{1}{8}$	$\frac{1}{8}$	$\frac{1}{8}$	$\frac{3}{8}$
$p_{\cdot j}$	$\frac{3}{8}$	$\frac{1}{4}$	$\frac{3}{8}$	1

所以, X 的边缘分布列为

X	-1	0	1
P	$\frac{3}{8}$	$\frac{1}{4}$	$\frac{3}{8}$

Y 的边缘分布列为

Y	-1	0	2
P	$\frac{3}{8}$	$\frac{1}{4}$	$\frac{3}{8}$

3.7　设二维连续型随机变量 (X,Y) 的概率密度函数为

$$f(x,y) = \begin{cases} \dfrac{3}{16}xy & 0 \leqslant x \leqslant 2, 0 < y \leqslant x^2 \\ 0 & \text{其他} \end{cases}.$$

求关于 X 和 Y 的边缘密度函数.

解　X 的边缘密度函数为

$$f_X(x) = \int_{-\infty}^{+\infty} f(x,y)\mathrm{d}y,$$

当 $0 \leqslant x \leqslant 2$ 时,

$$f_X(x) = \int_0^{x^2} \frac{3}{16}xy\mathrm{d}y = \frac{3}{32}x^5,$$

当 $x \notin [0,2]$ 时, $f_X(x)=0$, 所以

$$f_X(x) = \begin{cases} \dfrac{3}{32}x^5 & 0 \leqslant x \leqslant 2 \\ 0 & \text{其他} \end{cases}.$$

Y 的边缘密度函数为

$$f_Y(y) = \int_{-\infty}^{+\infty} f(x,y)\mathrm{d}x,$$

当 $0 < y \leqslant 4$ 时,

$$f_Y(y) = \int_{\sqrt{y}}^2 \frac{3}{16}xy\mathrm{d}x = \frac{3}{8}y - \frac{3}{32}y^2;$$

当 y 取其他值时，$f_Y(y) = 0$，所以

$$f_Y(y) = \begin{cases} \dfrac{3}{8}y - \dfrac{3}{32}y^2 & 0 \leqslant y \leqslant 4 \\ 0 & \text{其他} \end{cases}.$$

3.8　(1)设随机向量(X,Y)的密度函数为

$$f(x,y) = \begin{cases} 9x^2 y^2 & 0 < x < 1, 0 < y < 1 \\ 0 & \text{其他} \end{cases}.$$

试判断 X 与 Y 是否独立．

(2)设随机向量(X,Y)的密度函数为

$$f(x,y) = \begin{cases} x + y & 0 < x < 1, 0 < y < 1 \\ 0 & \text{其他} \end{cases}.$$

试判断 X 与 Y 是否独立．

解　(1)X 的边缘密度函数：

当 $0 < x < 1$ 时，$f_X(x) = \int_0^1 9x^2 y^2 \mathrm{d}y = 3x^2$；当 x 取其他值时，$f_X(x) = 0$，所以

$$f_X(x) = \begin{cases} 3x^2 & 0 < x < 1 \\ 0 & \text{其他} \end{cases}.$$

Y 的边缘密度函数：

当 $0 < y < 1$ 时，$f_Y(y) = \int_0^1 9x^2 y^2 \mathrm{d}y = 3y^2$；当 y 取其他值时，$f_Y(y) = 0$，即

$$f_Y(y) = \begin{cases} 3y^2 & 0 < y < 1 \\ 0 & \text{其他} \end{cases}.$$

综上所述，$f_{X,Y}(x,y) = f_X(x)f_Y(y)$，故 X,Y 独立．

(2)X 的边缘密度函数：

当 $0 < x < 1$ 时，$f_X(x) = \int_0^1 (x+y)\mathrm{d}y = x + \dfrac{1}{2}$；当 x 取其他值时，$f_X(x) = 0$，所以

$$f_X(x) = \begin{cases} x + \dfrac{1}{2} & 0 < x < 1 \\ 0 & \text{其他} \end{cases}.$$

同理，Y 的边缘密度函数为

$$f_Y(y) = \begin{cases} y + \dfrac{1}{2} & 0 < y < 1 \\ 0 & \text{其他} \end{cases}.$$

综上所述，$f_{X,Y}(x,y) \neq f_X(x)f_Y(y)$，故 X,Y 不独立．

3.9　设随机向量(X,Y)的分布列为

X	Y		
	y_1	y_2	y_3
x_1	$\dfrac{1}{6}$	$\dfrac{1}{9}$	α
x_2	$\dfrac{1}{3}$	β	$\dfrac{1}{9}$

问：α，β 取何值才能使 X 与 Y 相互独立.

解　离散型随机变量独立的充要条件是

$$P(X = x_i, Y = y_j) = P(X = x_i)P(Y = y_j), \quad \forall i, j \text{ 都成立}.$$

(X, Y) 的联合分布列和边缘分布列为

X	Y			$p_{i\cdot}$
	y_1	y_2	y_3	
x_1	$\dfrac{1}{6}$	$\dfrac{1}{9}$	α	$\dfrac{5}{18} + \alpha$
x_2	$\dfrac{1}{3}$	β	$\dfrac{1}{9}$	$\dfrac{4}{9} + \beta$
$p_{\cdot j}$	$\dfrac{1}{2}$	$\dfrac{1}{9} + \beta$	$\dfrac{1}{9} + \alpha$	1

由 $P(X = x_1, Y = y_1) = P(X = x_1)P(Y = y_1)$，$P(X = x_2, Y = y_1) = P(X = x_2)P(Y = y_1)$，得

$$\begin{cases} \dfrac{1}{6} = \dfrac{1}{2} \times \left(\dfrac{5}{18} + \alpha \right) \\ \dfrac{1}{3} = \dfrac{1}{2} \times \left(\dfrac{4}{9} + \beta \right) \end{cases},$$

解得

$$\alpha = \dfrac{1}{18}, \quad \beta = \dfrac{2}{9}.$$

把 α 和 β 的值代入验证，知 $P(X = x_i, Y = y_j) = P(X = x_i)P(Y = y_j)$ 对任意 i, j 都成立，所以 $\alpha = \dfrac{1}{18}$，$\beta = \dfrac{2}{9}$.

3.10　设二维随机变量 (X, Y) 的联合分布列为

X	Y	
	0	1
0	$\dfrac{8}{25}$	$\dfrac{7}{25}$
1	$\dfrac{6}{25}$	$\dfrac{4}{25}$

试求:(1)给定 $X=1$ 的条件下,Y 的条件分布列.

(2)给定 $X=1$ 的条件下,Y 的条件分布函数.

解 (1)由题意知

$$P(X=1) = P(X=1,Y=0) + P(X=1,Y=1) = \frac{6}{25} + \frac{4}{25} = \frac{2}{5},$$

所以,在 $X=1$ 条件下,Y 的条件分布列为

$$P(Y=0 \mid X=1) = \frac{P(X=1,Y=0)}{P(X=1)} = \frac{\frac{6}{25}}{\frac{2}{5}} = \frac{3}{5},$$

$$P(Y=1 \mid X=1) = \frac{P(X=1,Y=1)}{P(X=1)} = \frac{\frac{4}{25}}{\frac{2}{5}} = \frac{2}{5}.$$

(2)由分布函数的定义知,在 $X=1$ 条件下,Y 的条件分布函数为

$$F_Y(y \mid X=1) = \begin{cases} 0 & y<0 \\ \dfrac{3}{5} & 0 \leqslant y<1 \\ 1 & y \geqslant 1 \end{cases}.$$

3.11 设 (X,Y) 的密度函数为

$$f(x,y) = \begin{cases} 12y^2 & 0<y<x<1 \\ 0 & 其他 \end{cases}.$$

求给定 $X=x$ 的条件下,Y 的条件密度函数 $f_{Y \mid X}(y \mid x)$.

解 先求 X 的边缘密度函数.

当 $0<x<1$ 时,$f_X(x) = \int_0^x 12y^2 \mathrm{d}y = 4y^3 \Big|_0^x = 4x^3$;当 x 取其他值时,$f_X(x)=0$,故

$$f_X(x) = \begin{cases} 4x^3 & 0<x<1 \\ 0 & 其他 \end{cases}.$$

因为 $f_{Y \mid X}(y \mid x) = \dfrac{f(x,y)}{f_X(x)}$,所以,当 $0<x<1$ 时,Y 的条件密度函数为

$$f_{Y \mid X}(y \mid x) = \begin{cases} \dfrac{3y^2}{x^3} & 0<y<x \\ 0 & 其他 \end{cases}.$$

3.12 设随机变量 X 在 $(0,a)$ 上随机地取值,服从均匀分布,当观察到 $X=x(0<x<a)$ 时,Y 在区间 (x,a) 内任一子区间上取值的概率与子区间的长度成正比.求:

(1)(X,Y)的联合密度函数 $f_{X,Y}$. (2)Y 的密度函数 f_Y.

解 X 的密度函数为

$$f_X(x) = \begin{cases} \dfrac{1}{a} & 0 < x < a \\ 0 & \text{其他} \end{cases}.$$

所以,当 $X = x$ 时,Y 在区间 (x,a) 内任一子区间上取值的概率与子区间长度成正比,因此,当 $X = x$ 时,Y 服从 (x,a) 上的均匀分布,则当 $0<x<a$ 时 Y 的条件密度函数为

$$f_{Y|X}(y|X = x) = \begin{cases} \dfrac{1}{a - x} & x < y < a \\ 0 & \text{其他} \end{cases}.$$

(1)X 与 Y 的联合密度函数为

$$f_{X,Y}(x,y) = f_{Y|X}(y|x) \cdot f_X(x) = \begin{cases} \dfrac{1}{a(a - x)} & x < y < a, 0 < x < a \\ 0 & \text{其他} \end{cases}.$$

(2)Y 的密度函数为

$$f_Y(y) = \int_{-\infty}^{+\infty} f(x,y)\mathrm{d}x,$$

当 $0 < y < a$ 时,

$$f_Y(y) = \int_0^y \frac{1}{a(a - x)}\mathrm{d}x = \frac{1}{a}\Big[-\ln(a - x)\Big]\Big|_0^y = \frac{1}{a}\ln\frac{a}{a - y},$$

所以,

$$f_Y(y) = \begin{cases} \dfrac{1}{a}\ln\dfrac{a}{a - y} & 0 < y < a \\ 0 & \text{其他} \end{cases}.$$

3.13 设二维随机变量 (X,Y) 的联合密度函数

$$f(x,y) = \begin{cases} 6x & 0 < x < y < 1 \\ 0 & \text{其他} \end{cases}$$

试求:(1)当 $X = \dfrac{1}{3}$ 时,Y 的条件密度函数 $f_{Y|X}\left(y|X = \dfrac{1}{3}\right)$.

(2)$P(X + Y \leqslant 1)$.

解 (1)X 的边缘密度函数为

$$f_X(x) = \int_{-\infty}^{+\infty} f(x,y)\mathrm{d}y = \begin{cases} 6x - 6x^2 & 0 < x < 1 \\ 0 & \text{其他} \end{cases}.$$

当 $0 < x < 1$ 时,Y 的条件密度函数为

$$f_{Y|X}(y|x) = \frac{f(x,y)}{f_X(x)} = \begin{cases} \dfrac{1}{1 - x} & x < y < 1 \\ 0 & \text{其他} \end{cases}.$$

所以，

$$f_{Y|X}\left(y\,|\,X=\frac{1}{3}\right)=\frac{f\left(\frac{1}{3},y\right)}{f_X\left(\frac{1}{3}\right)}=\begin{cases}\dfrac{3}{2} & \dfrac{1}{3}<y<1 \\ 0 & \text{其他}\end{cases}.$$

(2) $P(X+Y\leqslant 1)=\iint\limits_{X+Y\leqslant 1}f(x,y)\mathrm{d}x\mathrm{d}y=\int_0^{\frac{1}{2}}\left(\int_x^{1-x}6x\mathrm{d}y\right)\mathrm{d}x$

$$=\int_0^{\frac{1}{2}}6x(1-2x)\mathrm{d}x=\frac{1}{4}.$$

3.14 设随机向量(X,Y)的密度函数为

$$f(x,y)=\begin{cases}1 & |y|<x,0<x<1 \\ 0 & \text{其他}\end{cases}.$$

(1)求关于X和Y的边缘密度函数f_X和f_Y.

(2)求给定$Y=y$的条件下，X的条件密度函数$f_{X|Y}(x|y)$.

(3)判断X与Y是否独立.

解 (1)X的边缘密度函数为

$$f_X(x)=\begin{cases}\displaystyle\int_{-x}^x 1\mathrm{d}y=2x & 0<x<1 \\ 0 & \text{其他}\end{cases}.$$

Y的边缘密度函数为

$$f_Y(y)=\begin{cases}\displaystyle\int_y^1 1\mathrm{d}x=1-y & 0<y<1 \\ \displaystyle\int_{-y}^1 1\mathrm{d}x=1+y & -1<y\leqslant 0 \\ 0 & \text{其他}\end{cases}.$$

(2)当$0<y<1$时，

$$f_{X|Y}(x|y)=\begin{cases}\dfrac{1}{1-y} & y<x<1 \\ 0 & x\text{ 取其他值}\end{cases};$$

当$-1<y\leqslant 0$时，

$$f_{X|Y}(x|y)=\begin{cases}\dfrac{1}{1+y} & -y<x<1 \\ 0 & x\text{ 取其他值}\end{cases}.$$

即当$-1<y<1$时，

$$f_{X|Y}(x|y)=\begin{cases}\dfrac{1}{1-|y|} & |y|<x<1 \\ 0 & x\text{ 取其他值}\end{cases}.$$

(3)X与Y独立的充要条件是$f_{X,Y}(x,y)=f_X(x)f_Y(y)$，而由上可知$f_{X,Y}(x,y)\neq$

$f_X(x)f_Y(y)$,所以 X 与 Y 不独立.

3.15　设(X,Y)的分布列为

X	Y		
	0	1	2
0	$\frac{1}{9}$	$\frac{2}{9}$	$\frac{1}{9}$
1	$\frac{2}{9}$	$\frac{2}{9}$	0
2	$\frac{1}{9}$	0	0

求 $2X+Y$ 的分布列.

解　由题意知

p	$\frac{1}{9}$	$\frac{2}{9}$	$\frac{1}{9}$	$\frac{2}{9}$	$\frac{2}{9}$	0	$\frac{1}{9}$	0	0
(X,Y)	(0,0)	(0,1)	(0,2)	(1,0)	(1,1)	(1,2)	(2,0)	(2,1)	(2,2)
$Z=2X+Y$	0	1	2	2	3	4	4	5	6

所以,$Z=2X+Y$ 的分布列为

$Z=2X+Y$	0	1	2	3	4
p	$\frac{1}{9}$	$\frac{2}{9}$	$\frac{1}{3}$	$\frac{2}{9}$	$\frac{1}{9}$

3.16　设随机变量 U 与 V 独立同分布,且 $P\{U=k\}=\frac{1}{3}$,$k=1,2,3$. 又设 $X=\max(U,V)$,$Y=\min(U,V)$. 试写出(X,Y)的联合分布列.

解　U,V 独立同分布,所以 U,V 的联合分布列为

U	V		
	1	2	3
1	$\frac{1}{9}$	$\frac{1}{9}$	$\frac{1}{9}$
2	$\frac{1}{9}$	$\frac{1}{9}$	$\frac{1}{9}$
3	$\frac{1}{9}$	$\frac{1}{9}$	$\frac{1}{9}$

因而有

p	$\frac{1}{9}$	$\frac{1}{9}$	$\frac{1}{9}$	$\frac{1}{9}$	$\frac{1}{9}$	$\frac{1}{9}$	$\frac{1}{9}$	$\frac{1}{9}$	$\frac{1}{9}$
(U,V)	(1,1)	(1,2)	(1,3)	(2,1)	(2,2)	(2,3)	(3,1)	(3,2)	(3,3)
$X=\max(U,V)$	1	2	3	2	2	3	3	3	3
$Y=\min(U,V)$	1	1	1	1	2	2	1	2	3

$$P(X = 1, Y = 1) = P(U = 1, V = 1) = \frac{1}{9},$$

$$P(X = 2, Y = 1) = P(U = 1, V = 2) + P(U = 2, V = 1) = \frac{2}{9},$$

$$P(X = 2, Y = 2) = P(U = 2, V = 2) = \frac{1}{9},$$

$$P(X = 3, Y = 1) = P(U = 1, V = 3) + P(U = 3, V = 1) = \frac{2}{9},$$

$$P(X = 3, Y = 2) = P(U = 2, V = 3) + P(U = 3, V = 2) = \frac{2}{9},$$

$$P(X = 3, Y = 3) = P(U = 3, V = 3) = \frac{1}{9}.$$

总之有

X	Y		
	1	2	3
1	$\frac{1}{9}$	0	0
2	$\frac{2}{9}$	$\frac{1}{9}$	0
3	$\frac{2}{9}$	$\frac{2}{9}$	$\frac{1}{9}$

3.17 设随机变量 X 服从 $(-1,1)$ 上的均匀分布，Y 服从参数为 $\lambda = 1$ 的指数分布，且 X, Y 独立，求 $X + Y$ 的密度函数.

解 由题意知，(X, Y) 的联合分布密度函数为

$$f(x, y) = f_X(x) f_Y(y) = \begin{cases} \frac{1}{2} \mathrm{e}^{-y} & -1 < x < 1, y > 0 \\ 0 & \text{其他} \end{cases}.$$

令 $Z = X + Y$，则 Z 的分布函数为

$$F_Z(z) = P(Z \leqslant z) = P(X + Y \leqslant z) = \iint\limits_{x+y \leqslant z} f(x, y) \mathrm{d}x \mathrm{d}y,$$

(1) 当 $z \leqslant -1$ 时，$F_Z(z) = 0$.

(2) 当 $-1 < z < 1$ 时，$F_Z(z) = \int_{-1}^{z} \left(\int_0^{z-x} \frac{1}{2} \mathrm{e}^{-y} \mathrm{d}y \right) \mathrm{d}x = \frac{1}{2}(z + \mathrm{e}^{-1-z})$，所以

$$f_Z(z) = \frac{1}{2}(1 - \mathrm{e}^{-1-z}).$$

(3) 当 $z \geqslant 1$ 时，$F_Z(z) = \int_{-1}^{1} \left(\int_0^{z-x} \frac{1}{2} \mathrm{e}^{-y} \mathrm{d}y \right) \mathrm{d}x = 1 - \frac{1}{2} \mathrm{e}^{1-z} + \frac{1}{2} \mathrm{e}^{-1-z}$，则

$$f_Z(z) = \frac{1}{2}(\mathrm{e} - \mathrm{e}^{-1}) \mathrm{e}^{-z}.$$

总之,

$$f_Z(z) = \begin{cases} 0 & z \leqslant -1 \\ \dfrac{1}{2}(1 - e^{-1-z}) & -1 < z < 1 \\ \dfrac{1}{2}e^{-z}(e - e^{-1}) & z \geqslant 1 \end{cases}.$$

3.18 设 f_1 为二维正态分布 $N(-3,2,4,9,0.5)$ 的密度函数, f_2 为二维正态分布 $N(8,2,1,6,-0.3)$ 的密度函数.

(1)证明 $g(x,y) = 0.4f_1(x,y) + 0.6f_2(x,y)$ 为密度函数.

(2)求 $g(x,y)$ 所对应的两个边缘密度函数.

解　(1)因为 f_1 和 f_2 分别为 $N(-3,2,4,9,0.5)$ 和 $N(8,2,1,6,-0.3)$ 的密度函数, 所以

$$g(x,y) = 0.4f_1(x,y) + 0.6f_2(x,y) \geqslant 0, \quad \forall x,y \text{ 都成立}.$$

$$\begin{aligned} \int_{-\infty}^{+\infty}\int_{-\infty}^{+\infty} g(x,y)\mathrm{d}x\mathrm{d}y &= \int_{-\infty}^{+\infty}\int_{-\infty}^{+\infty} 0.4f_1(x,y)\mathrm{d}x\mathrm{d}y + \\ &\quad \int_{-\infty}^{+\infty}\int_{-\infty}^{+\infty} 0.6f_2(x,y)\mathrm{d}x\mathrm{d}y \\ &= 0.4 + 0.6 = 1, \end{aligned}$$

故 $g(x,y)$ 为分布密度函数, 并设 g 为 (ξ,η) 的分布密度函数.

(2)设 $(X,Y) \sim N(-3,2,4,9,0.5), (U,V) \sim N(8,2,1,6,-0.3)$, 则由二维正态分布的性质知

$$f_{1X}(x) = \int_{-\infty}^{+\infty} f_1(x,y)\mathrm{d}y = \frac{1}{2\sqrt{2\pi}}e^{-\frac{(x+3)^2}{8}},$$

$$f_{2U}(x) = \int_{-\infty}^{+\infty} f_2(x,y)\mathrm{d}y = \frac{1}{\sqrt{2\pi}}e^{-\frac{(x-8)^2}{2}},$$

$$f_{1Y}(y) = \int_{-\infty}^{+\infty} f_1(x,y)\mathrm{d}x = \frac{1}{3\sqrt{2\pi}}e^{-\frac{(y-2)^2}{18}},$$

$$f_{2V}(y) = \int_{-\infty}^{+\infty} f_2(x,y)\mathrm{d}x = \frac{1}{2\sqrt{3\pi}}e^{-\frac{(y-2)^2}{12}},$$

所以

$$\begin{aligned} g_\xi(x) &= \int_{-\infty}^{+\infty} g(x,y)\mathrm{d}y = \int_{-\infty}^{+\infty} [0.4f_1(x,y) + 0.6f_2(x,y)]\mathrm{d}y \\ &= 0.4f_{1X}(x) + 0.6f_{2U}(x) \\ &= \frac{1}{5\sqrt{2\pi}}e^{-\frac{(x+3)^2}{8}} + \frac{3}{5\sqrt{2\pi}}e^{-\frac{(x-8)^2}{2}}, \end{aligned}$$

$$\begin{aligned} g_\eta(y) &= \int_{-\infty}^{+\infty} g(x,y)\mathrm{d}x = \int_{-\infty}^{+\infty} [0.4f_1(x,y) + 0.6f_2(x,y)]\mathrm{d}x \\ &= 0.4f_{1Y}(y) + 0.6f_{2V}(y) \\ &= \frac{2}{15\sqrt{2\pi}}e^{-\frac{(y-2)^2}{18}} + \frac{3}{10\sqrt{3\pi}}e^{-\frac{(y-2)^2}{12}}. \end{aligned}$$

3.19 设随机变量 X 服从 $(0,1)$ 上的均匀分布, Y 服从参数为 $\lambda=1$ 的指数分布, 且 X,Y 独立. 求 $Z = \min\{X,Y\}$ 的分布函数与密度函数.

解 由 X,Y 独立知

$$
\begin{aligned}
F_Z(z) = P(Z \leqslant z) &= P(\min\{X,Y\} \leqslant z) \\
&= 1 - P(\min\{X,Y\} > z) = 1 - P(X > z, Y > z) \\
&= 1 - P(X > z)P(Y > z) = 1 - [1 - P(X \leqslant z)][1 - P(Y \leqslant z)] \\
&= 1 - [1 - F_X(z)][1 - F_Y(z)],
\end{aligned}
$$

所以

(1)当 $z < 0$ 时，$F_Z(z) = 0$，$f_Z(z) = 0$.

(2)当 $0 \leqslant z < 1$ 时，

$$F_Z(z) = 1 - (1 - z)[1 - (1 - e^{-z})] = 1 - e^{-z} + ze^{-z},$$

$$f_Z(z) = (2 - z)e^{-z}.$$

(3)当 $z \geqslant 1$ 时，$F_X(z) = 1$，则 $F_Z(z) = 1$，$f_Z(z) = 0$.

综上所述，

$$
F_Z(z) = \begin{cases} 0 & z < 0 \\ 1 - e^{-z} + ze^{-z} & 0 \leqslant z < 1 \\ 1 & z \geqslant 1 \end{cases}.
$$

$$
f_Z(z) = \begin{cases} (2 - z)e^{-z} & 0 < z < 1 \\ 0 & 其他 \end{cases}.
$$

3.20 设随机变量 X,Y 独立同分布，且均服从指数分布 $\mathrm{Exp}(2)$，求随机变量 $2X + 3Y$ 的密度函数.

解 由 X,Y 独立同分布知，(X,Y) 的联合密度函数为

$$
f(x,y) = f_X(x)f_Y(y) = \begin{cases} 4e^{-2x}e^{-2y} & x > 0, y > 0 \\ 0 & 其他 \end{cases},
$$

$$
F_Z(z) = P(Z \leqslant z) = P(2X + 3Y \leqslant z) = \iint\limits_{2x+3y \leqslant z} f(x,y)\mathrm{d}x\mathrm{d}y,
$$

所以，

(1)当 $z \leqslant 0$ 时，$F_Z(z) = 0$，$f_Z(z) = 0$.

(2)当 $z > 0$ 时，

$$
\begin{aligned}
F_Z(z) &= \int_0^{\frac{z}{2}} \left(\int_0^{\frac{z-2x}{3}} 4e^{-2x}e^{-2y}\mathrm{d}y \right)\mathrm{d}x = \int_0^{\frac{z}{2}} (2e^{-2x} - 2e^{-\frac{2x+2z}{3}})\mathrm{d}x \\
&= 1 + 2e^{-z} - 3e^{-\frac{2z}{3}},
\end{aligned}
$$

因此，$f_Z(z) = 2e^{-\frac{2z}{3}} - 2e^{-z}$.

综上所述，

$$
f_Z(z) = \begin{cases} 2e^{-\frac{2z}{3}} - 2e^{-z} & z > 0 \\ 0 & 其他 \end{cases}.
$$

第四章　随机变量的数字特征

一、基 本 内 容

　　一维随机变量及其函数的期望和方差的计算,常见的一维离散型和连续型随机变量的期望和方差,随机变量的原点矩和中心矩,二维随机向量函数的期望,随机变量的协方差和相关系数,数学期望、方差和协方差的运算性质.

二、基 本 要 求

　　(1)掌握一维随机变量的数学期望和方差的定义,理解两者的差别,并会熟练计算.
　　(2)熟记常见的一维离散型和连续型随机变量的期望和方差.
　　(3)掌握一维随机变量函数的期望和方差的计算.
　　(4)理解一维随机变量的原点矩、中心矩、峰度和偏度的定义.
　　(5)会计算二维随机向量函数的期望.
　　(6)掌握二维随机向量的协方差和相关系数的定义,而且会熟练计算.
　　(7)熟练掌握数学期望、方差和协方差的运算性质并会灵活运用.
　　(8)了解条件数学期望的定义.

三、基本知识提要

(一)一维随机变量的数字特征

1. 离散型随机变量的期望

设离散型随机变量 X 具有分布列

$$P(X = x_i) = p_i, \quad i = 1, 2, \cdots,$$

若级数 $\sum_{i=1}^{\infty} |x_i| p_i$ 收敛,则称 X 的数学期望存在,并称

$$E[X] = \sum_{i=1}^{\infty} x_i p_i$$

为 X 的数学期望(或均值),简称为 X 的期望.

　　设离散型随机变量 X 具有分布列 $P(X = x_i) = p_i, i = 1, 2, \cdots, g$ 为实变量的实值函数,且 $\sum_{i=1}^{\infty} |g(x_i)| p_i$ 收敛,则

$$E[g(X)] = \sum_{i=1}^{\infty} g(x_i) p_i .$$

2. 连续型随机变量的期望

设连续型随机变量 X 的分布密度函数为 f_X，如果

$$\int_{-\infty}^{+\infty} |x| f_X(x) \mathrm{d}x < \infty ,$$

则称

$$E[X] = \int_{-\infty}^{+\infty} |x| f_X(x) \mathrm{d}x$$

为 X 的数学期望（或均值），简称为 X 的期望.

对于连续型随机变量，若 g 为实变量的实值函数，且

$$\int_{-\infty}^{+\infty} |g(x)| f_X(x) \mathrm{d}x < \infty ,$$

则

$$E[g(X)] = \int_{-\infty}^{+\infty} g(x) f_X(x) \mathrm{d}x.$$

数学期望（均值）反映出随机变量的取值的平均值这样一个特征.

3. 随机变量的方差

设随机变量 X 有有限的数学期望，如果 $E[(X - E[X])^2] < \infty$，则称

$$\mathrm{Var}[X] = E[(X - E[X])^2]$$

为 X 的方差，而称 $\sqrt{\mathrm{Var}[X]}$ 为 X 的标准差，记为 $\sigma[X]$.

方差反映随机变量取值的分散程度（波动性）这样一个特征.

(1)对于具有分布列 $P(X = x_i) = p_i, i = 1, 2, \cdots$ 的离散型随机变量 X，

$$\mathrm{Var}[X] = \sum_{i=1}^{\infty} (x_i - E[X])^2 p_i .$$

(2)对于具有分布密度函数为 $f_X(x)$ 的连续型随机变量 X，

$$\mathrm{Var}[X] = \int_{-\infty}^{+\infty} (x - E[X])^2 f_X(x) \mathrm{d}x .$$

而无论是离散型还是连续型随机变量，都可以用下面这个公式来计算方差：

$$\mathrm{Var}[X] = E[X^2] - (E[X])^2 .$$

4. 常见的离散型和连续型随机变量的期望和方差

常见的随机变量	分布列或密度函数	数学期望	方差
二项分布 $B(n, p)$	$P(X = k) = \binom{n}{k} p^k q^{n-k},\ k = 0, 1, 2, \cdots, n$	np	npq
泊松分布 $P(\lambda)$	$P(X = k) = \dfrac{\lambda^k}{k!} \mathrm{e}^{-\lambda},\ k = 0, 1, 2, \cdots$	λ	λ
几何分布 $g(k, p)$	$P(X = k) = q^{k-1} p,\ k = 1, 2, \cdots$	$\dfrac{1}{p}$	$\dfrac{q}{p^2}$
均匀分布 $U[a, b]$	$f(x) = \begin{cases} \dfrac{1}{b-a} & a \leqslant x \leqslant b \\ 0 & \text{其他} \end{cases}$	$\dfrac{a+b}{2}$	$\dfrac{(b-a)^2}{12}$

续表

常见的随机变量	分布列或密度函数	数学期望	方差
指数分布 $\mathrm{Exp}(\lambda)$	$f(x)=\begin{cases}\lambda \mathrm{e}^{-\lambda x} & x>0 \\ 0 & x\leqslant 0\end{cases}$	$\dfrac{1}{\lambda}$	$\dfrac{1}{\lambda^2}$
正态分布 $N(\mu,\sigma^2)$	$f(x)=\dfrac{1}{\sqrt{2\pi}\sigma}\mathrm{e}^{-\frac{(x-\mu)^2}{2\sigma^2}}$, $x\in(-\infty,+\infty)$	μ	σ^2

5. 随机变量的矩

设 X 为随机变量，c 为常数，k 为正整数，如果 $E\big[\,|X-c|^k\,\big]<\infty$，则称

$$E\big[(X-c)^k\big]$$

为 X 的关于 c 点的 k 阶矩.

当 $c=0$ 时，称 $E[X^k]$ 为 k 阶原点矩.

当 $c=E[X]$ 时，称 $E\big[(X-E[X])^k\big]$ 为 k 阶中心矩.

6. 随机变量的偏度和峰度

设 X 为随机变量，如果 $E[X^4]<\infty$，则称

$$\frac{E\big[(X-E[X])^3\big]}{(\mathrm{Var}[X])^{\frac{3}{2}}}$$

为 X 的偏度. 而称

$$\frac{E\big[(X-E[X])^4\big]}{(\mathrm{Var}[X])^2}$$

为 X 的峰度.

偏度刻画的是 X 的分布的偏斜程度，而峰度则反映 X 的分布（密度）在均值附近的陡峭程度.

(二)随机向量的数字特征

1. 二维随机向量函数的期望

(1)设离散型随机变量 (X,Y) 有概率分布 $P(X=x_i,Y=y_j)=p_{ij}$，$i,j=1,2,\cdots$，则

$$E\big[g(X,Y)\big]=\sum_{i=1}^{+\infty}\sum_{j=1}^{+\infty}g(x_i,y_i)p_{ij}.$$

(2)设连续型随机变量 (X,Y) 有分布密度函数 $f_{X,Y}$，则

$$E\big[g(X,Y)\big]=\int_{-\infty}^{+\infty}\int_{-\infty}^{+\infty}g(x,y)f_{X,Y}(x,y)\mathrm{d}x\mathrm{d}y.$$

特别地，取 $g(x,y)=x$，则有

$$E[X]=\sum_{i=1}^{+\infty}\sum_{j=1}^{+\infty}x_ip_{ij}=\sum_{i=1}^{\infty}x_ip_i.$$

$$E\big[g(X)\big]=\int_{-\infty}^{+\infty}\int_{-\infty}^{+\infty}xf_{X,Y}(x,y)\mathrm{d}x\mathrm{d}y=\int_{-\infty}^{+\infty}xf_X(x)\mathrm{d}x.$$

2. 二维随机向量的协方差和相关系数

设 (X,Y) 为二维随机向量，且 $\mathrm{Var}[X]<\infty$，$\mathrm{Var}[Y]<\infty$.

（1）称
$$\mathrm{Cov}(X,Y) = E[(X - E[X])(Y - E[Y])]$$
为 X 与 Y 的协方差. 协方差的计算也经常采用公式：
$$\mathrm{Cov}(X,Y) = E[XY] - E[X] \cdot E[Y].$$
（2）称
$$r(X,Y) = \frac{\mathrm{Cov}(X,Y)}{\sqrt{\mathrm{Var}[X]} \cdot \sqrt{\mathrm{Var}[Y]}}$$
为 X 与 Y 的相关系数.

（3）若 $r(X,Y) = 0$，则称 X 与 Y 不相关.

定理　设 (X,Y) 为二维随机向量，且 $\mathrm{Var}[X] < \infty$，$\mathrm{Var}[Y] < \infty$，

（1）若 X 与 Y 独立，则 $\mathrm{Cov}(X,Y) = 0$，即 $r(X,Y) = 0$.

（2）$|r(X,Y)| \leqslant 1$.

（3）若 $r(X,Y) = 1$，则存在常数 $a > 0$ 和 b，使得
$$P(Y = aX + b) = 1;$$
若 $r(X,Y) = -1$，则存在常数 $a < 0$ 和 b，使得
$$P(Y = aX + b) = 1.$$

相关系数描述的是 X 与 Y 线性相关的程度，而不能刻画 X 与 Y 的非线性关系. 若 X 与 Y 相互独立，则 X 与 Y 不相关；但是，当 X 与 Y 不相关时，X 与 Y 不一定相互独立.

对于二维正态分布 $(X,Y) \sim N(\mu_1, \mu_2, \sigma_1^2, \sigma_2^2, \rho)$，经计算可得 $r(X,Y) = \rho$，并且 X 与 Y 独立的充要条件是 X 与 Y 不相关.

3. 数学期望的运算性质

（1）任意常数 c 的数学期望等于 c.

（2）（线性性）设随机变量 X,Y 的数学期望都存在，a,b 为常数，则
$$E[aX + bY] = aE[X] + bE[Y].$$

（3）设随机变量 X 与 Y 相互独立，且 X 与 Y 的方差都存在，则
$$E[XY] = E[X] \cdot E[Y].$$

4. 方差的运算性质

（1）任意常数 c 的方差等于 0.

（2）设随机变量 X 与 Y 的方差都存在，则
$$\mathrm{Var}[aX + bY] = a^2 \mathrm{Var}[X] + b^2 \mathrm{Var}[Y] + 2ab\mathrm{Cov}(X,Y).$$
若随机变量 X 与 Y 相互独立，则有
$$\mathrm{Var}[aX + bY] = a^2 \mathrm{Var}[X] + b^2 \mathrm{Var}[Y].$$

5. 协方差的运算性质

（1）（对称性）设随机变量 X 与 Y 的方差都存在，则
$$\mathrm{Cov}(X,Y) = \mathrm{Cov}(Y,X).$$

（2）（双线性性）设随机变量 X、Y 和 Z 的方差都存在，a,b 为常数，则
$$\mathrm{Cov}(aX + bY, Z) = a\mathrm{Cov}(X,Z) + b\mathrm{Cov}(Y,Z),$$
$$\mathrm{Cov}(Z, aX + bY) = a\mathrm{Cov}(Z,X) + b\mathrm{Cov}(Z,Y).$$

6. 条件数学期望

设 (X,Y) 为二维离散型随机向量，有有限的数学期望. 在 $\{Y = b_j\}$ 发生的条件下，

X 的条件数学期望(简称为条件期望),就是在条件分布

$$P(X = a_i | Y = b_j), \quad i = 1, 2, \cdots$$

下求数学期望,即

$$E[X | Y = b_j] = \sum_{i=1}^{+\infty} a_i P(X = a_i | Y = b_j).$$

在 $\{X = a_i\}$ 发生的条件下,Y 的条件数学期望,就是在条件分布列

$$P(Y = b_j | X = a_i), \quad j = 1, 2, \cdots$$

下求数学期望,即

$$E[Y | X = a_i] = \sum_{i=1}^{+\infty} b_j P(Y = b_j | X = a_i).$$

设 (X, Y) 为二维连续型随机向量,有有限的数学期望. 在 $\{Y = y\}$ 发生的条件下,X 的条件数学期望,就是在条件分布密度函数 $f_{X|Y}(x|y)$ 下求数学期望,即

$$E[X | Y = y] = \int_{-\infty}^{+\infty} x f_{X|Y}(x|y) \mathrm{d}x.$$

在 $\{X = x\}$ 发生的条件下,Y 的条件数学期望,就是在条件分布密度函数 $f_{Y|X}(y|x)$ 下求数学期望,即

$$E[Y | X = x] = \int_{-\infty}^{+\infty} y f_{Y|X}(y|x) \mathrm{d}y.$$

因为随机变量 X 与 Y 相互独立时,条件分布与各自的边缘分布相同,所以此时条件期望等于无条件期望,即 $E[X|Y] = E[X]$, $E[Y|X] = E[Y]$.

容易证明:

$$E[E[X|Y]] = E[X], \quad E[E[Y|X]] = E[Y].$$

这是两个非常重要的公式,它们对应于全概率公式.

四、疑 难 分 析

1. 随机变量的独立与不相关的关系

相关系数描述的是 X 与 Y 线性相关的程度,而不能刻画 X 与 Y 的非线性关系. 若 X 与 Y 相互独立,则 X 与 Y 不相关;但是,如果 X 与 Y 不相关,不能推得 X 与 Y 相互独立.

2. 方差与协方差的关系

设随机变量 X 与 Y 的方差都存在,则

$$\mathrm{Var}[aX + bY] = a^2 \mathrm{Var}[X] + b^2 \mathrm{Var}[Y] + 2ab \mathrm{Cov}(X, Y).$$

若随机变量 X 与 Y 相互独立,则有

$$\mathrm{Var}[aX + bY] = a^2 \mathrm{Var}[X] + b^2 \mathrm{Var}[Y].$$

3. 数学期望和方差的运算性质

数学期望和方差的运算性质一定要区分清楚,数学期望有线性性,方差没有线性性.

4. 条件数学期望

条件数学期望比较难理解,作为简单了解的内容.要注意 $E[X|Y]$ 是一个关于 Y 的函数,而 $E[Y|X]$ 是一个关于 X 的函数.

五、典型例题选讲

例 4.1 从学校乘汽车到火车站的途中有三个交通岗,设在各交通岗遇到红灯的事件是相互独立的,其概率均为 $\frac{2}{5}$,用 X 表示途中遇到红灯的次数,求 X 的数学期望及方差.

解 由题意知,这是一个伯努利试验问题,$X \sim B\left(3, \frac{2}{5}\right)$,且 X 的分布列为

X	0	1	2	3
p	$\frac{27}{125}$	$\frac{54}{125}$	$\frac{36}{125}$	$\frac{8}{125}$

(1) $E[X] = \sum_i x_i p_i = 0 \times \frac{27}{125} + 1 \times \frac{54}{125} + 2 \times \frac{36}{125} + 3 \times \frac{8}{125} = \frac{6}{5}$.

(2) $E[X^2] = \sum_i x_i^2 p_i = 0^2 \times \frac{27}{125} + 1^2 \times \frac{54}{125} + 2^2 \times \frac{36}{125} + 3^2 \times \frac{8}{125} = \frac{54}{25}$,

$$\mathrm{Var}[X] = E[X^2] - (E[X])^2 = \frac{18}{25}.$$

例 4.2 设随机变量 X_1, X_2, X_3 相互独立,且有
$$E[X_i] = i, \quad \mathrm{Var}[X_i] = 6 - i, \quad i = 1, 2, 3.$$
设 $Y = 2X_1 - X_2 + 5X_3$,求 $E[Y]$,$\mathrm{Var}[Y]$.

解 $E[Y] = E[2X_1 - X_2 + 5X_3]$
$= 2E[X_1] - E[X_2] + 5E[X_3] = 2 \times 1 - 2 + 5 \times 3$
$= 15$,

$\mathrm{Var}[Y] = \mathrm{Var}[2X_1 - X_2 + 5X_3]$
$= 4 \times \mathrm{Var}[X_1] + \mathrm{Var}[X_2] + 25\mathrm{Var}[X_3] = 4 \times 5 + 4 + 25 \times 3$
$= 99$.

例 4.3 设在某一规定的时间间隔里,某电气设备用于最大负荷的时间 X(以 min 计)是一个随机变量,其概率密度为

$$f(x) = \begin{cases} \dfrac{1}{1500^2} x & 0 \leqslant x \leqslant 1500 \\ \dfrac{3000 - x}{1500^2} & 1500 < x \leqslant 3000 \\ 0 & \text{其他} \end{cases}.$$

求 $E[X]$.

解 $E[X] = \displaystyle\int_{-\infty}^{+\infty} x f(x) \mathrm{d}x$

$= \displaystyle\int_{-\infty}^{0} 0 \mathrm{d}x + \int_{0}^{1500} x \times \frac{1}{1500^2} x \mathrm{d}x + \int_{1500}^{3000} x \times \frac{3000 - x}{1500^2} \mathrm{d}x + \int_{3000}^{+\infty} x \times 0 \mathrm{d}x$

$= \dfrac{1}{1500^2} \times \dfrac{x^3}{3} \Big|_0^{1500} + \dfrac{1}{1500^2}\left(3000 \times \dfrac{x^2}{2} - \dfrac{x^3}{3}\right) \Big|_{1500}^{3000}$

$= 1500$.

例 4.4 设随机变量 X 的概率密度为

$$f(x) = \begin{cases} e^{-x} & x > 0 \\ 0 & x \leqslant 0 \end{cases}.$$

求：(1) $Y = 2X$ 的数学期望；(2) $Y = e^{-2X}$ 的数学期望；(3) $\text{Var}[2X]$.

解 (1) $E[Y] = E[2X] = \int_{-\infty}^{+\infty} 2xf(x)\mathrm{d}x = \int_0^{+\infty} 2xe^{-x}\mathrm{d}x = 2.$

(2) $E[Y] = E[e^{-2X}] = \int_{-\infty}^{+\infty} e^{-2x}f(x)\mathrm{d}x = \int_0^{+\infty} e^{-3x}\mathrm{d}x = \frac{1}{3}.$

(3) $E[X] = \int_{-\infty}^{+\infty} xf(x)\mathrm{d}x = \int_0^{+\infty} xe^{-x}\mathrm{d}x = 1$，

$E[X^2] = \int_{-\infty}^{+\infty} x^2f(x)\mathrm{d}x = \int_0^{+\infty} x^2e^{-x}\mathrm{d}x = 2$，

$\text{Var}[2X] = 4\text{Var}[X] = 4E[X^2] - 4(E[X])^2 = 4.$

例 4.5 设随机变量 (X, Y) 的联合分布列为

X	Y		
	1	2	3
-1	0.2	0.1	0
0	0.1	0.1	0.2
1	0.1	0.1	0.1

(1) 求：$E[X], E[Y]$. (2) 设 $Z = (X - Y)^2$，求 $E[Z]$.

解 (1) $E[X] = \sum_{i=1}^{+\infty} x_i p_{i\cdot} = \sum_{i=1}^{+\infty} \sum_{j=1}^{+\infty} x_i p_{ij}$

$= (-1) \times (0.2 + 0.1) + 0 + 1 \times (0.1 + 0.1 + 0.1) = 0;$

$E[Y] = \sum_{j=1}^{+\infty} y_j p_{\cdot j} = \sum_{j=1}^{+\infty} \sum_{i=1}^{+\infty} y_j p_{ij}$

$= 1 \times (0.2 + 0.1 + 0.1) + 2 \times (0.1 + 0.1 + 0.1) +$

$\quad 3 \times (0 + 0.2 + 0.1) = 1.9.$

(2) $E[Z] = \sum_{i=1}^{+\infty} \sum_{j=1}^{+\infty} (x_i - y_j)^2 p_{ij}$

$= (-1-1)^2 \times 0.2 + (-1-2)^2 \times 0.1 + (-1-3)^2 \times 0 + (0-1)^2 \times 0.1 +$

$\quad (0-2)^2 \times 0.1 + (0-3)^2 \times 0.2 + (1-1)^2 \times 0.1 + (1-2)^2 \times 0.1 +$

$\quad (1-3)^2 \times 0.1$

$= 4.5.$

例 4.6 设 X 服从参数为 3 的泊松公布，$Y = 2X - 3$，试求 $E[Y]$，$\text{Var}[Y]$，$\text{Cov}(X, Y)$ 及 $r(X, Y)$.

解 $E[Y] = E[2X - 3] = 2E[X] - 3 = 2 \times 3 - 3 = 3$，

$$\mathrm{Var}[Y] = \mathrm{Var}[2X-3] = 4\mathrm{Var}[X] = 4 \times 3 = 12,$$

$$\mathrm{Cov}(X,Y) = \mathrm{Cov}(X,2X-3) = 2\mathrm{Cov}(X,X) - \mathrm{Cov}(X,3) = 2\mathrm{Var}[X] = 6,$$

$$r(X,Y) = \frac{\mathrm{Cov}(X,Y)}{\sqrt{\mathrm{Var}[X]}\ \sqrt{\mathrm{Var}[Y]}} = \frac{6}{\sqrt{3}\ \sqrt{12}} = 1.$$

例 4.7　设随机变量 (X,Y) 的联合分布列为

X	Y		
	-1	0	1
-1	$\frac{1}{8}$	$\frac{1}{8}$	$\frac{1}{8}$
0	$\frac{1}{8}$	0	$\frac{1}{8}$
1	$\frac{1}{8}$	$\frac{1}{8}$	$\frac{1}{8}$

试判断 X 和 Y 的相关性和独立性.

解　由题意知

X	Y			X 的边缘分布
	-1	0	1	
-1	$\frac{1}{8}$	$\frac{1}{8}$	$\frac{1}{8}$	$\frac{3}{8}$
0	$\frac{1}{8}$	0	$\frac{1}{8}$	$\frac{2}{8}$
1	$\frac{1}{8}$	$\frac{1}{8}$	$\frac{1}{8}$	$\frac{3}{8}$
Y 的边缘分布	$\frac{3}{8}$	$\frac{2}{8}$	$\frac{3}{8}$	1

(1)因为 X 和 Y 独立的充要条件是 $p_{ij} = p_{i\cdot}\,p_{\cdot j}$,所以 X 和 Y 不独立.

(2) $E[X] = \displaystyle\sum_{i=1}^{+\infty} x_i p_{i\cdot} = -1 \times \frac{3}{8} + 1 \times \frac{3}{8} = 0$,

$$E[Y] = \sum_{j=1}^{+\infty} y_j p_{\cdot j} = -1 \times \frac{3}{8} + 1 \times \frac{3}{8} = 0,$$

$$E[XY] = \sum_{i=1}^{+\infty}\sum_{j=1}^{+\infty} x_i y_j p_{ij} = (-1) \times (-1) \times \frac{1}{8} + (-1) \times 1 \times \frac{1}{8} +$$

$$1 \times (-1) \times \frac{1}{8} + 1 \times 1 \times \frac{1}{8} = 0,$$

所以 $r(X,Y) = 0$, X 和 Y 不相关.

例 4.8　设随机变量 (X,Y) 的联合概率密度为

$$f(x,y) = \begin{cases} 12y^2 & 0 \leqslant y \leqslant x \leqslant 1 \\ 0 & 其他 \end{cases}.$$

求 $E[X]$, $E[Y]$, $\mathrm{Cov}(X,Y)$, $r(X,Y)$.

解　$E[X] = \int_{-\infty}^{+\infty}\int_{-\infty}^{+\infty} xf(x,y)\mathrm{d}x\mathrm{d}y = \int_0^1\left(\int_0^x x \cdot 12y^2\mathrm{d}y\right)\mathrm{d}x = \dfrac{4}{5}$,

$E[Y] = \int_{-\infty}^{+\infty}\int_{-\infty}^{+\infty} yf(x,y)\mathrm{d}x\mathrm{d}y = \int_0^1\left(\int_0^x y \cdot 12y^2\mathrm{d}y\right)\mathrm{d}x = \dfrac{3}{5}$,

$E[XY] = \int_{-\infty}^{+\infty}\int_{-\infty}^{+\infty} xyf(x,y)\mathrm{d}x\mathrm{d}y = \int_0^1\left(\int_0^x xy \cdot 12y^2\mathrm{d}y\right)\mathrm{d}x = \dfrac{1}{2}$,

$\mathrm{Cov}(X,Y) = E[XY] - E[X] \cdot E[Y] = \dfrac{1}{2} - \dfrac{4}{5} \times \dfrac{3}{5} = \dfrac{1}{50}$,

$E[X^2] = \int_{-\infty}^{+\infty}\int_{-\infty}^{+\infty} x^2 f(x,y)\mathrm{d}x\mathrm{d}y = \int_0^1\left(\int_0^x x^2 \cdot 12y^2\mathrm{d}y\right)\mathrm{d}x = \dfrac{2}{3}$,

$E[Y^2] = \int_{-\infty}^{+\infty}\int_{-\infty}^{+\infty} y^2 f(x,y)\mathrm{d}x\mathrm{d}y = \int_0^1\left(\int_0^x y^2 \cdot 12y^2\mathrm{d}y\right)\mathrm{d}x = \dfrac{2}{5}$,

$\mathrm{Var}[X] = E[X^2] - (E[X])^2 = \dfrac{2}{3} - \left(\dfrac{4}{5}\right)^2 = \dfrac{2}{75}$,

$\mathrm{Var}[Y] = E[Y^2] - (E[Y])^2 = \dfrac{2}{5} - \left(\dfrac{3}{5}\right)^2 = \dfrac{1}{25}$,

$r(X,Y) = \dfrac{\mathrm{Cov}(X,Y)}{\sqrt{\mathrm{Var}[X]}\,\sqrt{\mathrm{Var}[Y]}} = \dfrac{\dfrac{1}{50}}{\sqrt{\dfrac{2}{75}}\sqrt{\dfrac{1}{25}}} = \dfrac{\sqrt{6}}{4}$.

例 4.9　设随机变量 $X \sim N(0,2), Y \sim N(0,2)$ 且 X, Y 相互独立,求 $E\left[\dfrac{X^2}{X^2 + Y^2}\right]$.

解　由对称性知

$$E\left[\frac{X^2}{X^2 + Y^2}\right] = E\left[\frac{Y^2}{X^2 + Y^2}\right],$$

而

$$E\left[\frac{X^2}{X^2 + Y^2}\right] + E\left[\frac{Y^2}{X^2 + Y^2}\right] = E[1] = 1,$$

故

$$E\left[\frac{X^2}{X^2 + Y^2}\right] = \frac{1}{2}.$$

例 4.10　设一工厂生产的某种设备的寿命 X(以年计)服从指数分布,概率密度函数为

$$f(x) = \begin{cases} \dfrac{1}{5}\mathrm{e}^{-\frac{1}{5}x} & x > 0 \\ 0 & \text{其他} \end{cases}.$$

工厂规定,出售的设备若在售出一年之内损坏可予以调换. 若工厂售出一台设备盈利 100 元,调换一台设备厂方需花费 300 元. 试求厂方出售一台设备净盈利的数学期望.

解　由题意知,一台设备在一年内调换的概率为

$$p = P(X < 1) = \int_0^1 \frac{1}{5}\mathrm{e}^{-\frac{1}{5}x}\mathrm{d}x = -\left.\mathrm{e}^{-\frac{1}{5}x}\right|_0^1 = 1 - \mathrm{e}^{-\frac{1}{5}}.$$

以 Y 记工厂售出一台设备的净盈利值,则 Y 具有分布列

Y	100	-200
P	$\mathrm{e}^{-\frac{1}{5}}$	$1-\mathrm{e}^{-\frac{1}{5}}$

故有

$$E[Y] = 100 \times \mathrm{e}^{-\frac{1}{5}} - 200 \times (1 - \mathrm{e}^{-\frac{1}{5}}) = 300 \times \mathrm{e}^{-\frac{1}{5}} - 200 \approx 45.619 .$$

所以,厂方出售一台设备净盈利的数学期望为 45.619 元.

例 4.11 设随机变量 (X,Y) 的联合概率密度为

$$f(x,y) = \begin{cases} \dfrac{3}{8} & |x| \leqslant 1, |y| \leqslant 1-x^2 \\ 0 & 其他 \end{cases} .$$

求 $E[X]$, $E[Y]$, $\mathrm{Cov}(X,Y)$, $r(X,Y)$,且判断 X,Y 是否独立.

解 (1) $E[X] = \displaystyle\int_{-\infty}^{+\infty}\int_{-\infty}^{+\infty} x f(x,y)\mathrm{d}x\mathrm{d}y = \int_{-1}^{1}\left(\int_{x^2-1}^{1-x^2} x \cdot \frac{3}{8}\mathrm{d}y\right)\mathrm{d}x = 0,$

$E[Y] = \displaystyle\int_{-\infty}^{+\infty}\int_{-\infty}^{+\infty} y f(x,y)\mathrm{d}x\mathrm{d}y = \int_{-1}^{1}\left(\int_{x^2-1}^{1-x^2} y \cdot \frac{3}{8}\mathrm{d}y\right)\mathrm{d}x = 0,$

$E[XY] = \displaystyle\int_{-\infty}^{+\infty}\int_{-\infty}^{+\infty} xy f(x,y)\mathrm{d}x\mathrm{d}y = \int_{-1}^{1}\left(\int_{x^2-1}^{1-x^2} xy \cdot \frac{3}{8}\mathrm{d}y\right)\mathrm{d}x = 0,$

则 $\mathrm{Cov}(X,Y) = E[XY] - E[X]E[Y] = 0$,且知 X,Y 的方差存在,所以 $r(X,Y) = 0$.

(2) $f_X(x) = \displaystyle\int_{-\infty}^{+\infty} f(x,y)\mathrm{d}y = \int_{x^2-1}^{1-x^2} \frac{3}{8}\mathrm{d}y = \frac{3}{4}(1-x^2), \quad -1 \leqslant x \leqslant 1.$ 即

$$f_X(x) = \begin{cases} \dfrac{3}{4}(1-x^2) & |x| \leqslant 1 \\ 0 & 其他 \end{cases} .$$

$f_Y(y) = \displaystyle\int_{-\infty}^{+\infty} f(x,y)\mathrm{d}x = \int_{-\sqrt{1+y}}^{\sqrt{1+y}} \frac{3}{8}\mathrm{d}x = \frac{3}{4}\sqrt{1+y}, \quad -1 < y < 0.$

$f_Y(y) = \displaystyle\int_{-\infty}^{+\infty} f(x,y)\mathrm{d}x = \int_{-\sqrt{1-y}}^{\sqrt{1-y}} \frac{3}{8}\mathrm{d}x = \frac{3}{4}\sqrt{1-y}, \quad 0 < y < 1.$

所以 $f_Y(y) = \begin{cases} \dfrac{3}{4}\sqrt{1-|y|} & |y| \leqslant 1 \\ 0 & 其他 \end{cases} .$

显然,$f(x,y) \neq f_X(x)f_Y(y)$,所以 X,Y 不独立.

六、习题详解

4.1 设二维随机变量 (X,Y) 的联合概率分布为

X	Y	
	0	1
0	$\dfrac{9}{25}$	$\dfrac{6}{25}$
1	$\dfrac{4}{25}$	$\dfrac{6}{25}$

试求 $E[X],E[Y].$

解 $E[X] = \sum\limits_{i=1}^{+\infty} x_i p_{i\cdot} = \sum\limits_{i=1}^{+\infty} \sum\limits_{j=1}^{+\infty} x_i p_{ij}$

$$= 0 \times \left(\frac{9}{25} + \frac{6}{25} \right) + 1 \times \left(\frac{4}{25} + \frac{6}{25} \right) = \frac{2}{5}.$$

$$E[Y] = \sum\limits_{i=1}^{+\infty} y_j p_{\cdot j} = \sum\limits_{i=1}^{+\infty} \sum\limits_{j=1}^{+\infty} y_j p_{ij}$$

$$= 0 \times \left(\frac{9}{25} + \frac{4}{25} \right) + 1 \times \left(\frac{6}{25} + \frac{6}{25} \right) = \frac{12}{25}.$$

4.2 设随机变量 X 的概率密度函数为

$$f(x) = \begin{cases} \dfrac{3}{8} x^2 & 0 \leqslant x \leqslant 2 \\ 0 & \text{其他} \end{cases}.$$

求随机变量 X 的数学期望 $E[X].$

解 $E[X] = \int_{-\infty}^{+\infty} x f(x)\mathrm{d}x = \int_0^2 x \cdot \frac{3}{8} x^2 \mathrm{d}x = \frac{3}{32} x^4 \Big|_0^2 = \frac{3}{2}.$

4.3 假设机器在一天内发生故障的概率为 0.2,机器发生故障时全天停止工作. 若一周 5 个工作日里无故障则可获利 10 万元,发生 1 次故障仍可获利 5 万元,发生 2 次故障获利润 0 元,发生 3 次或 3 次以上故障就要亏损 2 万元. 求一周内所获平均利润.

解 用 X 表示一周内的获利(单位:元),则 X 的分布列为

X	-2	0	5	10
p	$1 - \sum\limits_{k=0}^{2} \binom{5}{k} 0.2^k \times 0.8^{5-k}$	$\binom{5}{2} 0.2^2 \times 0.8^3$	$\binom{5}{1} 0.2^1 \times 0.8^4$	$\binom{5}{0} 0.2^0 \times 0.8^5$

即

X	-2	0	5	10
p	$\dfrac{181}{3125}$	$\dfrac{128}{625}$	$\dfrac{256}{625}$	$\dfrac{1024}{3125}$

$$E[X] = \sum\limits_{i=1}^{+\infty} x_i P(X = x_i)$$

$$= (-2) \times \left(1 - \sum\limits_{k=0}^{2} \binom{5}{k} 0.2^k \times 0.8^{5-k} \right) + 0 \times \binom{5}{2} 0.2^2 \times 0.8^3 +$$

$$5 \times \binom{5}{1} 0.2^1 \times 0.8^4 + 10 \times 0.8^5$$

$$= 5.208\,96.$$

4.4 设随机变量 X 服从参数为 0.5 的泊松分布,试求随机变量 $Y = \dfrac{X}{1+X}$ 的数学期望 $E[Y].$

解　因为 $E[f(X)] = \sum\limits_{i=1}^{+\infty} f(x_i)P(X = x_i)$，所以

$$E[Y] = \sum_{k=0}^{+\infty} \frac{x_k}{1+x_k}P(X = x_k) = \sum_{k=0}^{+\infty} \frac{k}{1+k} \times \frac{0.5^k}{k!}e^{-0.5},$$

$$= \sum_{k=0}^{+\infty} \frac{(k+1)0.5^k}{(k+1)!}e^{-0.5} - \sum_{k=0}^{+\infty} \frac{0.5^k}{(k+1)!}e^{-0.5}$$

$$= \sum_{k=0}^{+\infty} \frac{0.5^k}{k!}e^{-0.5} - \sum_{k=0}^{+\infty} \frac{0.5^{k+1}}{(k+1)!} \times \frac{e^{-0.5}}{0.5}$$

$$= 1 - \sum_{l=1}^{+\infty} \frac{0.5^l}{l!} \times \frac{e^{-0.5}}{0.5} = 1 - \frac{1}{0.5}(1 - e^{-0.5}) = 2e^{-0.5} - 1.$$

由计算过程可知

$$\sum_{k=0}^{+\infty} \frac{k}{1+k} \times \frac{\lambda^k}{k!}e^{-\lambda} = \sum_{k=0}^{+\infty} \frac{\lambda^k}{k!}e^{-\lambda} - \sum_{k=0}^{+\infty} \frac{\lambda^k}{(k+1)!}e^{-\lambda} = 1 - \sum_{l=0}^{+\infty} \frac{\lambda^l}{l!} \times \frac{e^{-\lambda}}{\lambda} = 1 - \frac{1 - e^{-\lambda}}{\lambda}.$$

4.5　设二维连续型随机变量 (X,Y) 的概率密度函数为

$$f(x,y) = \begin{cases} e^{-y} & 0 < x < y \\ 0 & \text{其他} \end{cases}.$$

求：(1) X 的数学期望；(2) X^2 的数学期望；(3) XY 的数学期望.

解　(1) $E[X] = \displaystyle\int_{-\infty}^{+\infty}\int_{-\infty}^{+\infty} xf(x,y)\mathrm{d}x\mathrm{d}y = \int_0^{+\infty}\left(\int_x^{+\infty} x \cdot e^{-y}\mathrm{d}y\right)\mathrm{d}x$

$$= \int_0^{+\infty} xe^{-x}\mathrm{d}x = 1.$$

(2) $E[X^2] = \displaystyle\int_{-\infty}^{+\infty}\int_{-\infty}^{+\infty} x^2 f(x,y)\mathrm{d}x\mathrm{d}y = \int_0^{+\infty}\left(\int_x^{+\infty} x^2 \cdot e^{-y}\mathrm{d}y\right)\mathrm{d}x$

$$= \int_0^{+\infty} x^2 e^{-x}\mathrm{d}x = 2.$$

(3) $E[XY] = \displaystyle\int_{-\infty}^{+\infty}\int_{-\infty}^{+\infty} xyf(x,y)\mathrm{d}x\mathrm{d}y = \int_0^{+\infty}\left(\int_x^{+\infty} x \cdot ye^{-y}\mathrm{d}y\right)\mathrm{d}x$

$$= \int_0^{+\infty} x(xe^{-x} + e^{-x})\mathrm{d}x = \int_0^{+\infty}(x^2 e^{-x} + xe^{-x})\mathrm{d}x = 3.$$

4.6　现有 3 个袋子，各装有 a 个白球 b 个黑球，先从第 1 个袋子中摸出一球，记下颜色后就把它放入第 2 个袋子中，再从第 2 个袋子中摸出一球，记下颜色后就把它放入第 3 个袋子中，最后从第 3 个袋子中摸出一球，记下颜色. 若在这 3 次摸球中所得的白球总数为 X，求 $E[X]$.

解法一　用 X 表示 3 次摸球所得白球总数，$X = 0,1,2,3$，则 $\{X = 0\}$ 表示 3 次全摸到黑球，

$$P(X = 0) = \frac{b}{a+b} \cdot \frac{b+1}{a+b+1} \cdot \frac{b+1}{a+b+1} = \frac{b(b+1)^2}{(a+b)(a+b+1)^2}.$$

$\{X = 1\}$ 表示 3 次中有 1 次摸到白球且有 2 次摸到黑球，

$$P(X = 1) = \frac{a}{a+b} \cdot \frac{b}{a+b+1} \cdot \frac{b+1}{a+b+1} + \frac{b}{a+b} \cdot \frac{a}{a+b+1} \cdot \frac{b}{a+b+1} +$$

$$\frac{b}{a+b} \cdot \frac{b+1}{a+b+1} \cdot \frac{a}{a+b+1}$$

$$= \frac{ab(3b+2)}{(a+b)(a+b+1)^2} .$$

$\{X=2\}$ 表示 3 次中有 2 次摸到白球 1 次摸到黑球. 由 $\{X=1\}$ 的概率可得

$$P(X = 2) = \frac{ab(3a+2)}{(a+b)(a+b+1)^2} .$$

$\{X=3\}$ 表示 3 次全都摸到白球,

$$P(X = 3) = \frac{a(a+1)^2}{(a+b)(a+b+1)^2} .$$

所以,X 的分布列为

X	0	1	2	3
p	$\dfrac{b(b+1)^2}{(a+b)(a+b+1)^2}$	$\dfrac{ab(3b+2)}{(a+b)(a+b+1)^2}$	$\dfrac{ab(3a+2)}{(a+b)(a+b+1)^2}$	$\dfrac{a(a+1)^2}{(a+b)(a+b+1)^2}$

则有

$$E[X] = 1 \times \frac{ab(3b+2)}{(a+b)(a+b+1)^2} + 2 \times \frac{ab(3a+2)}{(a+b)(a+b+1)^2} + 3 \times \frac{a(a+1)^2}{(a+b)(a+b+1)^2}$$

$$= \frac{3a}{a+b} .$$

解法二　X_i 表示第 i 次取得白球的个数,则 $X_i = 0$ 或 1,且 $X = X_1 + X_2 + X_3$,所以

$$E[X] = E[X_1 + X_2 + X_3] = E[X_1] + E[X_2] + E[X_3] .$$

X_1	0	1
p	$\dfrac{b}{a+b}$	$\dfrac{a}{a+b}$

所以 $E[X_1] = \dfrac{a}{a+b}$,且知

X_2	0	1
$P(X_2 \mid X_1 = 0)$	$\dfrac{b+1}{a+b+1}$	$\dfrac{a}{a+b+1}$

X_2	0	1
$P(X_2 \mid X_1 = 1)$	$\dfrac{b}{a+b+1}$	$\dfrac{a+1}{a+b+1}$

则由全概率公式知

$$P(X_2 = 0) = \frac{b}{a+b}, \quad P(X_2 = 1) = \frac{a}{a+b},$$

所以 $E[X_2] = \dfrac{a}{a+b}$.

X_3	0	1
$P(X_3 \mid X_2 = 0)$	$\dfrac{b+1}{a+b+1}$	$\dfrac{a}{a+b+1}$

X_3	0	1
$P(X_3 \mid X_2 = 1)$	$\dfrac{b}{a+b+1}$	$\dfrac{a+1}{a+b+1}$

同理可知 $P(X_3 = 0) = \dfrac{b}{a+b}$，$P(X_3 = 1) = \dfrac{a}{a+b}$，$E[X_3] = \dfrac{a}{a+b}$. 因此，

$$E[X] = E[X_1] + E[X_2] + E[X_3] = \frac{3a}{a+b}.$$

4.7 设随机变量 X 的分布列为

X	-2	1	5
p	0.2	0.6	0.2

试求 X 的方差.

解 $E[X] = \displaystyle\sum_{i=1}^{+\infty} x_i p_i = (-2) \times 0.2 + 1 \times 0.6 + 5 \times 0.2 = 1.2,$

$E[X^2] = \displaystyle\sum_{i=1}^{+\infty} x_i^2 p_i = (-2)^2 \times 0.2 + 1^2 \times 0.6 + 5^2 \times 0.2 = 6.4,$

$\mathrm{Var}[X] = E[X^2] - (E[X])^2 = 6.4 - 1.2^2 = 4.96.$

4.8 设随机变量 X 的密度函数为

$$f(x) = \begin{cases} 2x & 0 < x < 1 \\ 0 & 其他 \end{cases}.$$

试求 X 的方差.

解 $E[X] = \displaystyle\int_{-\infty}^{+\infty} x f(x)\,\mathrm{d}x = \int_0^1 x \cdot 2x\,\mathrm{d}x = \frac{2}{3},$

$E[X^2] = \displaystyle\int_{-\infty}^{+\infty} x^2 f(x)\,\mathrm{d}x = \int_0^1 x^2 \cdot 2x\,\mathrm{d}x = \frac{1}{2},$

$\mathrm{Var}[X] = E[X^2] - (E[X])^2 = \dfrac{1}{2} - \left(\dfrac{2}{3}\right)^2 = \dfrac{1}{18}.$

4.9 已知随机变量 X 的概率密度函数为

$$f(x) = \begin{cases} \dfrac{x}{2} & 0 \leqslant x \leqslant 2 \\ 0 & 其他 \end{cases}.$$

试求：(1) X 的数学期望、方差、标准差；(2) $E[\mathrm{e}^x]$.

解 (1) $E[X] = \displaystyle\int_{-\infty}^{+\infty} x f(x)\,\mathrm{d}x = \int_0^2 x \cdot \frac{x}{2}\,\mathrm{d}x = \frac{4}{3},$

$E[X^2] = \displaystyle\int_{-\infty}^{+\infty} x^2 f(x)\,\mathrm{d}x = \int_0^2 x^2 \cdot \frac{x}{2}\,\mathrm{d}x = 2,$

$\mathrm{Var}[X] = E[X^2] - (E[X])^2 = 2 - \left(\dfrac{4}{3}\right)^2 = \dfrac{2}{9},$

$\sigma[X] = \sqrt{\mathrm{Var}[X]} = \dfrac{\sqrt{2}}{3}.$

$(2) E[\mathrm{e}^X] = \int_{-\infty}^{+\infty} \mathrm{e}^x f(x)\mathrm{d}x = \int_0^2 \mathrm{e}^x \cdot \frac{x}{2}\mathrm{d}x = \frac{\mathrm{e}^2 + 1}{2}$.

4.10 设随机变量 X, Y 的联合分布列为

X	Y		
	-1	0	1
-2	a	0	0
-1	0.14	b	0
1	0.12	0.16	0.32

已知 $E(X + Y) = 0$,求:$(1) a, b$;$(2) \mathrm{Var}[Y]$;$(3) E(X^2 Y)$.

解 $(1) a + b + 0.14 + 0.12 + 0.16 + 0.32 = a + b + 0.74 = 1 \Rightarrow a + b = 0.26$,

$$E[X + Y] = \sum_{i=1}^{+\infty}\sum_{j=1}^{+\infty}(x_i + y_j)p_{ij}$$

$$= -3a + (-2)\times 0.14 + (-1)\times b + 0\times 0.12 + 1\times 0.16 + 2\times 0.32$$

$$= -3a - b + 0.52 = 0$$

$$\Rightarrow 3a + b = 0.52,$$

由上可知,$a = b = 0.13$.

$(2) E[Y] = \sum_{j=1}^{+\infty} y_j p_{\cdot j} = \sum_{i=1}^{+\infty}\sum_{j=1}^{+\infty} y_j p_{ij}$

$$= (-1)\times 0.39 + 0\times 0.29 + 1\times 0.32 = -0.07,$$

$E[Y^2] = \sum_{j=1}^{+\infty} y_j^2 p_{\cdot j} = \sum_{i=1}^{+\infty}\sum_{j=1}^{+\infty} y_j^2 p_{ij}$

$$= (-1)^2\times 0.39 + 0^2\times 0.29 + 1^2\times 0.32 = 0.71,$$

$\mathrm{Var}[Y] = E[Y^2] - (E[Y])^2 = 0.71 - (-0.07)^2 = 0.7051$.

$(3) E[X^2 Y] = \sum_{i=1}^{+\infty}\sum_{j=1}^{+\infty}(x_i^2 y_j)p_{ij}$

$$= (-2)^2\times(-1)\times 0.13 + (-1)^2\times(-1)\times 0.14 + 1^2\times(-1)\times 0.12 +$$

$$1^2\times 1\times 0.32$$

$$= -0.46.$$

4.11 设随机变量 X 的分布列为

X	-2	0	6
p	0.2	0.4	0.4

求 X 的偏度系数.

解 由题意知

$$E[X] = \sum_{i=1}^{+\infty} x_i p_i = (-2) \times 0.2 + 0 \times 0.4 + 6 \times 0.4 = 2.$$

$$E[(X - E[X])^3] = \sum_{i=1}^{+\infty} (x_i - E[X])^3 p_i$$

$$= (-2 - 2)^3 \times 0.2 + (0 - 2)^3 \times 0.4 + (6 - 2)^3 \times 0.4 = 9.6,$$

$$E[X^2] = \sum_{i=1}^{+\infty} x_i^2 p_i = (-2)^2 \times 0.2 + 0^2 \times 0.4 + 6^2 \times 0.4 = 15.2,$$

$$\mathrm{Var}[X] = E[X^2] - (E[X])^2 = 15.2 - 2^2 = 11.2,$$

所以，X 的偏度为 $\dfrac{E[(X - E[X])^3]}{(\mathrm{Var}[X])^{\frac{3}{2}}} = \dfrac{9.6}{\sqrt{11.2^3}} = 0.256$.

4.12 已知随机变量 X 的密度函数为

$$f(x) = \begin{cases} |x| & -1 \leqslant x \leqslant 1 \\ 0 & \text{其他} \end{cases}.$$

试求 X 的峰度系数.

解 $E[X] = \displaystyle\int_{-\infty}^{+\infty} x f(x) \mathrm{d}x = \int_{-1}^{0} x \cdot (-x) \mathrm{d}x + \int_{0}^{1} x \cdot x \mathrm{d}x = 0,$

$$E[X^2] = \int_{-\infty}^{+\infty} x^2 f(x) \mathrm{d}x = 2 \int_{0}^{1} x^2 \cdot x \mathrm{d}x = \frac{1}{2},$$

$$E[(X - E[X])^4] = E[X^4] = \int_{-\infty}^{+\infty} x^4 f(x) \mathrm{d}x = \int_{-1}^{1} x^4 |x| \mathrm{d}x = 2 \int_{0}^{1} x^5 \mathrm{d}x = \frac{1}{3},$$

$$\mathrm{Var}[X] = E[X^2] - (E[X])^2 = \frac{1}{2} - 0 = \frac{1}{2},$$

所以，X 的峰度系数为 $\dfrac{E[(X - E[X])^4]}{(\mathrm{Var}[X])^2} = \dfrac{\frac{1}{3}}{\frac{1}{4}} = \dfrac{4}{3}$.

4.13 已知 $\mathrm{Var}[Y] = 36$，$\mathrm{Cov}(X, Y) = -12$，相关系数 $r(X, Y) = -0.4$，求 $\mathrm{Var}[X]$ 之值.

解

$$r(X, Y) = \frac{\mathrm{Cov}(X, Y)}{\sqrt{\mathrm{Var}[X]} \sqrt{\mathrm{Var}[Y]}} = \frac{-12}{\sqrt{\mathrm{Var}[X]} \times 6} = \frac{-2}{\sqrt{\mathrm{Var}[X]}} = -0.4,$$

所以 $\sqrt{\mathrm{Var}[X]} = 5$，则 $\mathrm{Var}[X] = 25$.

4.14 设二维随机变量 (X, Y) 的密度函数为

$$f(x, y) = \begin{cases} \dfrac{1}{\pi} & x^2 + y^2 \leqslant 1 \\ 0 & \text{其他} \end{cases}.$$

(1)求 $\mathrm{Cov}(X, Y)$. (2)判断 X 与 Y 是否独立.

解 (1) $E[XY] = \displaystyle\int_{-\infty}^{+\infty} \int_{-\infty}^{+\infty} xy f(x, y) \mathrm{d}x \mathrm{d}y$

$$= \int_{-1}^{1} \left(\int_{-\sqrt{1-x^2}}^{\sqrt{1-x^2}} xy \cdot \frac{1}{\pi} \mathrm{d}y \right) \mathrm{d}x = 0, \text{(被积函数是奇函数)}$$

$$E[X] = \int_{-\infty}^{+\infty}\int_{-\infty}^{+\infty} xf(x,y)\mathrm{d}x\mathrm{d}y = \int_{-1}^{1}\left(\int_{-\sqrt{1-x^2}}^{\sqrt{1-x^2}} x\,\frac{1}{\pi}\mathrm{d}y\right)\mathrm{d}x$$

$$= \int_{-1}^{1}\frac{2x}{\pi}\sqrt{1-x^2}\,\mathrm{d}x = 0,$$

同理，$E[Y] = 0$，所以，$\mathrm{Cov}(X,Y) = E[XY] - E[X]E[Y] = 0.$

（2）$f_X(x) = \int_{-\infty}^{+\infty} f(x,y)\mathrm{d}y$，当 $-1 \leqslant x \leqslant 1$ 时，

$$f_X(x) = \int_{-\sqrt{1-x^2}}^{\sqrt{1-x^2}} \frac{1}{\pi}\mathrm{d}y = \frac{2}{\pi}\sqrt{1-x^2},$$

所以

$$f_X(x) = \begin{cases} \dfrac{2}{\pi}\sqrt{1-x^2} & -1 \leqslant x \leqslant 1 \\ 0 & 其他 \end{cases}.$$

同理，

$$f_Y(y) = \begin{cases} \dfrac{2}{\pi}\sqrt{1-y^2} & -1 \leqslant y \leqslant 1 \\ 0 & 其他 \end{cases}.$$

由上知 $f(x,y) \neq f_X(x) \cdot f_Y(y)$，故 X 与 Y 不独立.

4.15　设随机变量 X_1, X_2, X_3 独立同分布，且 $X_i(i = 1,2,3)$ 的分布列为

$$P(X_i = k) = \frac{1}{3},\ (k = 1,2,3),$$

求 $Y = \max\{X_1, X_2, X_3\}$ 的数学期望.

解　由题意知

$$P(Y = 1) = \left(\frac{1}{3}\right)^3,$$

$$P(Y = 2) = \left(\frac{2}{3}\right)^3 - \left(\frac{1}{3}\right)^3 = \frac{7}{3^3},$$

$$P(Y = 3) = 1 - P(Y = 1) - P(Y = 2) = \frac{19}{27},$$

$$E[Y] = 1 \times P(Y = 1) + 2 \times P(Y = 2) + 3 \times P(Y = 3) = \frac{8}{3}.$$

4.16　若 (X,Y) 服从二元正态分布 $N(-1,5,2,3,-0.5)$，试求 $Z = 2X - 3Y$ 的数学期望 $E[Z]$ 与方差 $\mathrm{Var}[Z]$.

解　由题意知

$E[X] = -1,\ E[Y] = 5,\ \mathrm{Var}[X] = 2,\ \mathrm{Var}[Y] = 3,\ r(X,Y) = -0.5,$

$E[Z] = E[2X - 3Y] = 2E[X] - 3E[Y] = 2 \times (-1) - 3 \times 5 = -17,$

$\mathrm{Cov}(X,Y) = r(X,Y) \cdot \sqrt{\mathrm{Var}[X]} \cdot \sqrt{\mathrm{Var}[Y]} = (-0.5) \times \sqrt{2} \times \sqrt{3} = -\dfrac{\sqrt{6}}{2},$

$\mathrm{Var}[Z] = \mathrm{Var}[2X - 3Y] = 4\mathrm{Var}[X] + 9\mathrm{Var}[Y] + 2 \times 2 \times (-3)\mathrm{Cov}(X,Y)$

$$= 8 + 27 - 12 \times \left(-\frac{\sqrt{6}}{2}\right) = 35 + 6\sqrt{6}.$$

4.17 设 (X, Y) 的联合分布列为

X	Y	
	0	1
0	0.1	a
1	b	0.4

已知 $P(X = 1 \mid Y = 1) = \dfrac{2}{3}$，试求：(1)$a, b$ 之值；(2)$\mathrm{Cov}(X, 2Y)$.

解　(1) 由 $\displaystyle\sum_{i=1}^{+\infty}\sum_{j=1}^{+\infty} p_{ij} = 1$ 知 $a + b = 0.5$，

$$P(X = 1 \mid Y = 1) = \frac{P(X = 1, Y = 1)}{P(Y = 1)} = \frac{0.4}{a + 0.4} = \frac{2}{3},$$

所以 $a = 0.2, b = 0.3$.

(2) $E[XY] = \displaystyle\sum_{i=1}^{+\infty}\sum_{j=1}^{+\infty}(x_i y_j) p_{ij} = 1 \times 1 \times 0.4 = 0.4$，

$E[X] = \displaystyle\sum_{i=1}^{+\infty}\sum_{j=1}^{+\infty} x_i p_{ij} = 1 \times (0.3 + 0.4) = 0.7$，

$E[Y] = \displaystyle\sum_{i=1}^{+\infty}\sum_{j=1}^{+\infty} y_i p_{ij} = 1 \times (0.2 + 0.4) = 0.6$，

$\mathrm{Cov}(X, Y) = E[XY] - E[X]E[Y] = 0.4 - 0.7 \times 0.6 = -0.02$.

所以 $\mathrm{Cov}(X, 2Y) = 2\mathrm{Cov}(X, Y) = 2 \times (-0.02) = -0.04$.

4.18 设二维随机变量 (X, Y) 的联合分布列为

X	Y		
	-1	0	1
0	0.07	0.18	0.15
1	0.08	0.32	0.20

(1)试求 $E[X^2]$. (2)求 X 与 Y 的相关系数. (3)X 与 Y 是否独立？

解　(1) $E[X^2] = \displaystyle\sum_{i=1}^{+\infty} x_i^2 p_{i.} = 1 \times (0.08 + 0.32 + 0.2) = 0.6$.

(2) $E[XY] = \displaystyle\sum_{i=1}^{+\infty}\sum_{j=1}^{+\infty}(x_i y_j) p_{ij} = 1 \times (-1) \times 0.08 + 1 \times 1 \times 0.2 = 0.12$，

$E[X] = 0.6, \quad E[Y] = (-1) \times 0.15 + 1 \times 0.35 = 0.2$，

则

$$\mathrm{Cov}(X, Y) = E[XY] - E[X]E[Y] = 0.$$

所以，X 与 Y 的相关系数 $r(X, Y) = 0$.

(3)由题意知：

X	Y			X 的边缘分布
	-1	0	1	
0	0.07	0.18	0.15	0.4
1	0.08	0.32	0.20	0.6
Y 的边缘分布	0.15	0.5	0.35	1

显然,
$$P(X = 0, Y = -1) = 0.07 \neq P(X = 0)P(Y = -1) = 0.4 \times 0.15,$$
所以,X 与 Y 不独立.

4.19　设二维随机变量(X, Y)的联合分布列为

X	Y	
	0	1
0	$\dfrac{9}{25}$	$\dfrac{6}{25}$
1	$\dfrac{4}{25}$	$\dfrac{6}{25}$

试求 $X + Y$ 与 $X - Y$ 的协方差.

解　$E[X] = 1 \times \left(\dfrac{4}{25} + \dfrac{6}{25}\right) = \dfrac{2}{5}$, $E[Y] = 1 \times \left(\dfrac{6}{25} + \dfrac{6}{25}\right) = \dfrac{12}{25}$,

$$E[X^2] = 1^2 \times \left(\dfrac{4}{25} + \dfrac{6}{25}\right) = \dfrac{2}{5}, \quad E[Y^2] = 1^2 \times \left(\dfrac{6}{25} + \dfrac{6}{25}\right) = \dfrac{12}{25},$$

则 $\mathrm{Var}[X] = \dfrac{6}{25}$,$\mathrm{Var}[Y] = \dfrac{156}{625}$,所以

$$\mathrm{Cov}(X + Y, X - Y) = \mathrm{Cov}(X, X) - \mathrm{Cov}(X, Y) + \mathrm{Cov}(Y, X) - \mathrm{Cov}(Y, Y)$$
$$= \mathrm{Var}[X] - \mathrm{Var}[Y] = \dfrac{150 - 156}{625} = -\dfrac{6}{625}.$$

4.20　设二维随机变量(X, Y)的联合分布列为

X	Y		
	-1	0	1
-1	0	$\dfrac{1}{8}$	0
0	$\dfrac{1}{8}$	0	$\dfrac{1}{4}$
1	$\dfrac{1}{8}$	$\dfrac{1}{4}$	$\dfrac{1}{8}$

计算条件期望 $E(X + Y \mid X = 1)$.

解　在$\{X = 1\}$发生下,$X + Y$ 的条件分布列为

$X + Y$	0	1	2
$P(X + Y \mid X = 1)$	$\dfrac{1}{4}$	$\dfrac{1}{2}$	$\dfrac{1}{4}$

所以 $E(X + Y \mid X = 1) = 0 \times \dfrac{1}{4} + 1 \times \dfrac{1}{2} + 2 \times \dfrac{1}{4} = 1$.

　　4.21　设二维连续型随机变量(X, Y)的概率密度函数为

$$f(x, y) = \begin{cases} 3x & 0 < x < 1, 0 < y < x \\ 0 & \text{其他} \end{cases}.$$

给定 $Y = 0.5$,求 X 的条件期望$E[X \mid Y = 0.5]$.

　　解　$f_Y(y) = \displaystyle\int_{-\infty}^{+\infty} f(x, y)\mathrm{d}x$,当 $0 < y < 1$ 时,$f_Y(y) = \displaystyle\int_y^1 3x\mathrm{d}x = \dfrac{3}{2}(1 - y^2)$,即

$$f_Y(y) = \begin{cases} \dfrac{3}{2}(1 - y^2) & 0 < y < 1 \\ 0 & \text{其他} \end{cases}.$$

所以

$$f_{X \mid Y}(x \mid y) = \begin{cases} \dfrac{2x}{1 - y^2} & y < x < 1, 0 < y < 1 \\ 0 & \text{其他} \end{cases}.$$

则 $E[X \mid Y = 0.5] = \displaystyle\int_{-\infty}^{+\infty} x f_{X \mid Y}(x \mid y)\mathrm{d}x = \int_{0.5}^1 x \cdot \dfrac{8x}{3}\mathrm{d}x = \dfrac{7}{9}$.

　　4.22　袋中有红、白、黑三种颜色球若干. 若从袋中任摸一球,已知摸出的球为红球的概率为 p_1,摸出的球为白球的概率为 p_2. 现从袋中有放回地摸球 n 次,共摸出红球 X 次,摸出白球 Y 次,试求 X 与 Y 的相关系数 $r(X, Y)$.

　　解法一　由题意知(X, Y)服从三项分布,所以

$$X \sim B(n, p_1), \quad Y \sim B(n, p_2), \quad X + Y \sim B(n, p_1 + p_2),$$

则

$$\mathrm{Var}[X] = np_1(1 - p_1), \mathrm{Var}[Y] = np_2(1 - p_2),$$
$$\mathrm{Var}[X + Y] = n(p_1 + p_2)(1 - p_1 - p_2),$$

而

$$\mathrm{Cov}(X, Y) = \dfrac{1}{2}(\mathrm{Var}[X + Y] - \mathrm{Var}[X] - \mathrm{Var}[Y]) = -np_1p_2,$$

所以

$$r(X, Y) = \dfrac{\mathrm{Cov}(X, Y)}{\sqrt{\mathrm{Var}[X]}\ \sqrt{\mathrm{Var}[Y]}} = \dfrac{-np_1p_2}{\sqrt{np_1(1 - p_1)}\ \sqrt{np_2(1 - p_2)}} = -\sqrt{\dfrac{p_1p_2}{(1 - p_1)(1 - p_2)}}.$$

　　解法二　设

$$X_i = \begin{cases} 1 & \text{第 } i \text{ 次摸到红球} \\ 0 & \text{第 } i \text{ 次未摸到红球} \end{cases}, \quad Y_j = \begin{cases} 1 & \text{第 } j \text{ 次摸到白球} \\ 0 & \text{第 } j \text{ 次未摸到白球} \end{cases}, \quad i, j = 1, 2, \cdots, n.$$

令 $X = \displaystyle\sum_{i=1}^n X_i, Y = \sum_{j=1}^n Y_j$,且 X_i 与 $Y_j (i \neq j)$ 相互独立,X_i 独立同分布$(i = 1, 2, \cdots, n)$,

Y_j 独立同分布 $(j = 1, 2, \cdots, n)$,

X_i	0	1
p	$1 - p_1$	p_1

Y_j	0	1
p	$1 - p_2$	p_2

因为 X_i 独立同分布, 且 X_i 与 $Y_j (i \neq j)$ 相互独立,

$$\text{Cov}(X, Y) = \text{Cov}(X_1 + \cdots + X_n, Y)$$
$$= n\text{Cov}(X_1, Y) = n[\text{Cov}(X_1, Y_1) + \cdots + \text{Cov}(X_1, Y_n)]$$
$$= n\text{Cov}(X_1, Y_1),$$
$$\text{Cov}(X_1, Y_1) = E(X_1 Y_1) - E(X_1)E(Y_1) = 0 - p_1 p_2 = -p_1 p_2,$$
$$\text{Cov}(X, Y) = -np_1 p_2.$$

所以

$$\text{Var}[X] = \text{Var}\left[\sum_{i=1}^{n} X_i\right] = np_1(1 - p_1), \quad \text{Var}[Y] = \text{Var}\left[\sum_{j=1}^{n} Y_j\right] = np_2(1 - p_2),$$

则

$$r(X, Y) = \frac{\text{Cov}(X, Y)}{\sqrt{\text{Var}[X]}\,\sqrt{\text{Var}[Y]}} = \frac{-np_1 p_2}{\sqrt{np_1(1 - p_1)}\,\sqrt{np_2(1 - p_2)}} = -\sqrt{\frac{p_1 p_2}{(1 - p_1)(1 - p_2)}}.$$

4.23 电视台一节目"幸运观众有奖答题"有两类题, A 类题答对一题奖励 1000 元, B 类题答对一题奖励 500 元. 答错无奖励, 并带上前面得到的钱退出, 答对后可继续答题. 假设节目可无限进行下去(有无限的题目与时间), 选择 A, B 类型题目分别由抛均匀硬币的正、反面决定. 已知某答题者 A 类题答对的概率都为 0.4, 答错的概率都为 0.6; B 类题答对的概率都为 0.6, 答错的概率都为 0.4. 试求:

(1)该答题者答对题数的数学期望;

(2)该答题者得到奖励金额的数学期望.

解　(1)设 X 为答对题数, p 表示一次答题答对的概率, 则

$$p = \frac{1}{2} \times 0.4 + \frac{1}{2} \times 0.6 = \frac{1}{2},$$

且

$$P(X = k) = p^k(1 - p) = \frac{1}{2^{k+1}}, \quad k = 0, 1, 2, \cdots$$

所以

$$E[X] = \sum_{k=0}^{+\infty} k \cdot \frac{1}{2^{k+1}} = \frac{1}{4} \sum_{k=0}^{+\infty} k \cdot \frac{1}{2^{k-1}} = 1.$$

(2)令 Y 表示答题得到的奖励金额, Y_1 表示第一次答题得到的奖励金额, Y_2 表示从第二次开始答题得到的奖励金额, 则 $Y = Y_1 + Y_2$, 由条件期望的性质知,

$$E[Y] = E[Y | Y_1 = 1000] \cdot P(Y_1 = 1000) + E[Y | Y_1 = 500] \cdot P(Y_1 = 500) +$$
$$E[Y | Y_1 = 0] \cdot P(Y_1 = 0)$$
$$= E[Y_1 + Y_2 | Y_1 = 1000] \cdot P(Y_1 = 1000) +$$
$$E[Y_1 + Y_2 | Y_1 = 500] \cdot P(Y_1 = 500) + E[Y_1 + Y_2 | Y_1 = 0] \cdot P(Y_1 = 0).$$

由题意知，Y_1 与 Y_2 独立，且 $Y_1 = 1000$ 表示第一次答对 A 题，因而

$E[Y_1 + Y_2 \mid Y_1 = 1000] = E[Y_1 \mid Y_1 = 1000] + E[Y_2 \mid Y_1 = 1000] = 1000 + E[Y]$,

同理，

$E[Y_1 + Y_2 \mid Y_1 = 500] = E[Y_1 \mid Y_1 = 500] + E[Y_2 \mid Y_1 = 500] = 500 + E[Y]$,

$E[Y_1 + Y_2 \mid Y_1 = 0] = 0$.

所以

$$E[Y] = (1000 + E[Y]) \times \frac{1}{2} \times 0.4 + (500 + E[Y]) \times \frac{1}{2} \times 0.6 + 0$$
$$= 200 + 0.2E[Y] + 150 + 0.3E[Y],$$

即 $E[Y] = 700$.

第五章 大数定律和中心极限定理

一、基 本 内 容

随机变量序列依概率收敛,以概率 1 收敛,切比雪夫(Chebyshev)不等式大数定律,中心极限定理.

二、基 本 要 求

(1)了解切比雪夫不等式.

(2)了解切比雪夫弱大数定律和辛钦(Khinchin)弱大数定律成立的条件和结论.

(3)了解独立同分布随机变量序列的中心极限定理(林德伯格－莱维(Linde-berg-Lévy)定理)和棣莫弗－拉普拉斯(De Moivre-Laplace)定理的条件和结论,并会用相关定理近似计算有关随机事件的概率.

三、基础知识提要

(一)随机变量序列的收敛性

1. 随机变量序列的依概率收敛

设 $X_1, X_2, \cdots, X_n, \cdots$ 为随机变量序列,Y 是随机变量.若对任意实数 $\varepsilon > 0$,有 $\lim\limits_{n \to +\infty} P(|X_n - Y| \geqslant \varepsilon) = 0$,则称随机变量序列 $X_1, X_2, \cdots, X_n, \cdots$ 依概率收敛于 Y,记为 $X_n \xrightarrow{P} Y(n \to +\infty)$.

2. 随机变量序列以概率 1 收敛

设 $X_1, X_2, \cdots, X_n, \cdots$ 为随机变量序列,Y 是随机变量.若有 $P(\lim\limits_{n \to \infty} X_n = Y) = 1$,则称随机变量序列 $X_1, X_2, \cdots, X_n, \cdots$ 以概率 1 收敛于 Y,记为 $X_n \xrightarrow{a.s} Y(n \to +\infty)$.

(二)弱大数定律

1. 切比雪夫不等式

设随机变量 X 的方差 $\mathrm{Var}[X]$ 存在,则对任意实数 $\varepsilon > 0$,有

$$P(|X - E[X]| \geqslant \varepsilon) \leqslant \frac{\mathrm{Var}[X]}{\varepsilon^2}.$$

利用切比雪夫不等式,在不知道随机变量 X 概率分布、只知道 X 的数学期望和方差

的情况下，就能对概率 $P(|X - E[X]| \geqslant \varepsilon)$ 做出估计.

2. 切比雪夫大数定律

设 $X_1, X_2, \cdots, X_n, \cdots$ 为独立随机变量序列，它们具有有限的数学期望和方差，且存在常数 $C > 0$，使得 $\mathrm{Var}[X_i] \leqslant C, i = 1, 2, \cdots.$ 则对任意实数 $\varepsilon > 0$，有

$$\lim_{n \to +\infty} P\left(\left| \frac{X_1 + X_2 + \cdots + X_n}{n} - \frac{E[X_1] + E[X_2] + \cdots + E[E_n]}{n} \right| \geqslant \varepsilon \right) = 0.$$

3. 辛钦大数定律

设 $X_1, X_2, \cdots X_n, \cdots$ 是独立同分布的随机变量序列，它们具有有限的数学期望 μ，则对任意实数 $\varepsilon > 0$，有

$$\lim_{n \to +\infty} P\left(\left| \frac{X_1 + X_2 + \cdots + X_n}{n} - \mu \right| \geqslant \varepsilon \right) = 0.$$

辛钦大数定律是指随机变量序列 $X_1, \dfrac{X_1 + X_2}{2}, \cdots, \dfrac{X_1 + X_2 + \cdots + X_n}{n}, \cdots$ 依概率收敛于 μ. 即

$$\frac{X_1 + X_2 + \cdots + X_n}{n} \xrightarrow{P} \mu \, (n \to +\infty).$$

4. 伯努利大数定律

设 v_n 是 n 重独立伯努利试验中事件 A 发生的次数，p 是每次试验中事件 A 发生的概率，则对任意实数 $\varepsilon > 0$，有

$$\lim_{n \to +\infty} P\left(\left| \frac{v_n}{n} \to p \right| \geqslant \varepsilon \right) = 0.$$

(三)强大数定律

柯尔莫哥洛夫(Kolmogorov)强大数定律：设 $X_1, X_2, \cdots, X_n, \cdots$ 为独立同分布的随机变量序列，具有有限的数学期望 μ，则有

$$P\left(\lim_{n \to +\infty} \frac{X_1 + X_2 + \cdots + X_n}{n} = \mu \right) = 1.$$

柯尔莫哥洛夫强大数定律是指随机变量序列

$$X_1, \frac{X_1 + X_2}{2}, \cdots, \frac{X_1 + X_2 + \cdots + X_n}{n}, \cdots$$

以概率 1 收敛于 μ. 即

$$\frac{X_1 + X_2 + \cdots + X_n}{n} \xrightarrow{a.s} \mu \, (n \to +\infty).$$

博雷尔(Borel)强大数定律是此定理的推论.

(四)中心极限定理

1. 林德伯格-莱维定理

设 $X_1, X_2, \cdots, X_n, \cdots$ 为独立同分布的随机变量序列，具有有限的数学期望 μ 和方差 σ^2，则对任意实数 x，有

$$\lim_{n \to +\infty} P \left(\frac{\sum\limits_{k=1}^{n} X_k - n\mu}{\sigma \sqrt{n}} \leqslant x \right) = \frac{1}{\sqrt{2\pi}} \int_{-\infty}^{x} e^{-\frac{t^2}{2}} dt = \Phi(x).$$

中心极限定理的一个主要应用是对独立同分布随机变量序列的和 $\sum\limits_{k=1}^{n} X_k$ 的分布可用标准正态分布近似计算,即当 n 较大时,有

$$P \left(\sum_{k=1}^{n} X_k \leqslant b \right) \approx \Phi\left(\frac{b - n\mu}{\sigma \sqrt{n}} \right),$$

$$P \left(a \leqslant \sum_{k=1}^{n} X_k \leqslant b \right) \approx \Phi\left(\frac{b - n\mu}{\sigma \sqrt{n}} \right) - \Phi\left(\frac{a - n\mu}{\sigma \sqrt{n}} \right).$$

2. 棣莫弗—拉普拉斯定理

设 $X_1, X_2, \cdots, X_n, \cdots$ 为独立同分布的随机变量序列,都服从 0—1 分布 $B(1, p)$,则对任意实数 x,有

$$\lim_{n \to +\infty} P \left(\frac{\sum\limits_{k=1}^{n} X_k - np}{\sqrt{np(1-p)}} \leqslant x \right) = \frac{1}{\sqrt{2\pi}} \int_{-\infty}^{x} e^{-\frac{t^2}{2}} dt = \Phi(x).$$

可见,棣莫弗－拉普拉斯定理是林德伯格－莱维定理的推论.

在棣莫弗－拉普拉斯定理中,令 $Y_n = \sum\limits_{k=1}^{n} X_k$,则 Y_n 服从二项分布 $B(n, p)$,$n = 1$,$2, \cdots$,则对任意实数 x,有

$$\lim_{n \to +\infty} P \left(\frac{Y_n - np}{\sqrt{np(1-p)}} \leqslant x \right) = \frac{1}{\sqrt{2\pi}} \int_{-\infty}^{x} e^{-\frac{t^2}{2}} dt = \Phi(x).$$

这说明:若 Y_n 服从二项分布 $B(n, p)$,a, b 是两个非负整数且 $a < b$,当 n 很大时,有二项分布的近似计算公式

$$P(a \leqslant Y_n \leqslant b) \approx \Phi\left(\frac{b - np}{\sqrt{np(1-p)}} \right) - \Phi\left(\frac{a - np}{\sqrt{np(1-p)}} \right).$$

这个近似公式有一个修正公式,

$$P(a \leqslant Y_n \leqslant b) \approx \Phi\left(\frac{b + 0.5 - np}{\sqrt{np(1-p)}} \right) - \Phi\left(\frac{a - 0.5 - np}{\sqrt{np(1-p)}} \right),$$

当 n 不太大时可提高计算精度.

四、疑 难 分 析

1. 随机变量序列的收敛性

随机变量序列的收敛性有别于数列的收敛性.对于一个数列 $\{a_n\}$,它要么收敛要么不收敛,或者说收敛的概率为 1 或 0. 由于随机变量的取值依赖于随机事件,随机试验的

结果不同,对应的取值序列可能不同,所以对于随机变量的收敛性,往往用概率来刻画.

对于随机变量序列 $X_1, X_2, \cdots, X_n, \cdots$ 和随机变量 Y,可能对某些试验结果上取值的序列不收敛,但这样的试验结果发生的概率为 0,则称 $X_1, X_2, \cdots, X_n, \cdots$ 以概率 1 收敛于 Y. 从概率论的理论及实际应用的角度看,这种收敛是令人满意的,即可认为是"必然收敛".

另外一种较弱的收敛性是 $X_1, X_2, \cdots, X_n, \cdots$ 依概率收敛于 Y,它是指对任意给定很小的实数 $\varepsilon > 0$,随着 n 的增大,随机试验的结果中使得随机变量取值的序列与 Y 的取值之间的差距大于 ε 的概率越来越接近 0,也就是说,随机变量序列 $X_1, X_2, \cdots, X_n, \cdots$ 与随机变量 Y 有差距的可能性越来越小,但未必能使有差距的概率为 0(即未必以概率 1 收敛).

可以证明,若随机变量序列 $X_1, X_2, \cdots, X_n, \cdots$ 以概率 1 收敛于随机变量 Y,则也依概率收敛于 Y.

2. 大数定律的意义

最早的大数定律是伯努利大数定律,它给出了事件 A 发生的频率稳定于概率的理论依据;若事件 A 在 1 次试验中发生的概率为 p,独立地进行 n 次试验,则事件 A 发生的频率 p_n 依概率收敛于 p.

伯努利大数定律实际上是说,服从 0—1 分布的独立同分布随机变量序列 $X_1, X_2, \cdots, X_n, \cdots$,它们的算术平均值 $\dfrac{1}{n}\sum\limits_{i=1}^{n} X_i$ 依概率收敛于它们的数学期望值.

推广到一般情形,切比雪夫大数定律和辛钦大数定律都给出了在一定条件下随机变量序列 $X_1, X_2, \cdots, X_n, \cdots$ 的算术平均值 $\dfrac{1}{n}\sum\limits_{i=1}^{n} X_i$ 依概率收敛于它们的数学期望值.

可见,对于独立同分布随机序列,大数定律从理论上肯定了用算术平均值近似代替数学期望,用频率近似代替概率的合理性,也为数理统计中用样本推断总体提供了理论依据.

3. 中心极限定理的意义

对独立的随机变量序列 $X_1, X_2, \cdots, X_n, \cdots$,其部分和 $\sum\limits_{i=1}^{n} X_i$ 的分布大多数难以精确计算. 中心极限定理指出了在一定条件下 $\sum\limits_{i=1}^{n} X_i$ 的极限分布是正态分布. 这样的话,虽然 $\sum\limits_{i=1}^{n} X_i$ 的分布不知道,但在 n 充分大时,$\sum\limits_{i=1}^{n} X_i$ 的分布近似服从正态分布,有关 $\sum\limits_{i=1}^{n} X_i$ 的概率计算就可以转变为正态分布近似计算.

五、典型例题选讲

例 5.1　若随机变量 X 服从参数为 3 的指数分布,用切比雪夫不等式估计

$$P\left(\left|X - \dfrac{1}{3}\right| \geqslant 2\right) \leqslant \underline{\hspace{2cm}}.$$

解　因为 $X \sim \mathrm{Exp}(3)$，$E[X] = \dfrac{1}{3}$，$\mathrm{Var}[X] = \dfrac{1}{9}$，所以

$$P\left(\left|X - \frac{1}{3}\right| \geqslant 2\right) = P(|X - E[X]| \geqslant 2) \leqslant \frac{\mathrm{Var}[X]}{2^2} = \frac{\dfrac{1}{9}}{4} = \frac{1}{36}.$$

答案：$\dfrac{1}{36}$.

例 5.2　随机变量 X 服从 $[a,5]$ 上的均匀分布，且由切比雪夫不等式得 $P(|X-3| < \varepsilon) \geqslant 0.99$. 求 a 和 ε 值.

解　由切比雪夫不等式知，$E[X] = \dfrac{a+5}{2} = 3$，$1 - \dfrac{\mathrm{Var}[X]}{\varepsilon^2} = 0.99$，所以有 $a = 1$，

$\varepsilon = \dfrac{20\sqrt{3}}{3}$.

例 5.3　设 X 的数学期望 $E[X] = \mu$，方差 $\mathrm{Var}[X] = \sigma^2$，用切比雪夫不等式估计 $P(|X-\mu| \geqslant 2.5\sigma)$. 若 $X \sim N(\mu,\sigma^2)$，对 $P(|X-\mu| \geqslant 2.5\sigma)$ 直接计算，并与估计值做比较.

解　由切比雪夫不等式，有

$$P(|X-\mu| \geqslant 2.5\sigma) \leqslant \frac{\sigma^2}{(2.5\sigma)^2} = 0.16.$$

当 $X \sim N(\mu,\sigma^2)$ 时，有

$$\begin{aligned}
P(|X-\mu| \geqslant 2.5\sigma) &= 1 - P(|X-\mu| < 2.5\sigma)\\
&= 1 - P(\mu - 2.5\sigma < X < \mu + 2.5\sigma)\\
&\approx 1 - \left[\Phi\left(\frac{\mu + 2.5\sigma - \mu}{\sigma}\right) - \Phi\left(\frac{\mu - 2.5\sigma - \mu}{\sigma}\right)\right]\\
&= 2[1 - \Phi(2.5)] = 0.012\,4.
\end{aligned}$$

可见，$P(|X-\mu| \geqslant 2.5\sigma) = 0.012\,4$，用切比雪夫不等式得到的估计值只是个上界值，较为粗糙. 但在不知道 X 的分布的情况下，只需 X 的数学期望和方差就能利用切比雪夫不等式对概率做出粗略估计.

例 5.4　用测量仪对某大楼的高度进行 n 次独立测量，各次测量的结果 X_i（$i = 1, 2, \cdots, n$，单位：m）均服从正态分布 $N(100, 0.01)$，这 n 次结果的算术平均值为 $\bar{X} = \dfrac{1}{n}\sum\limits_{i=1}^{n} X_i$.

（1）如果用切比雪夫不等式计算，那么，至少要测量多少次，才能使 $\bar{X}$ 与 100 之差的绝对值不超过 0.1 的概率不小于 0.99？

（2）如果用正态分布直接计算，那么，至少要测量多少次，才能使 $\bar{X}$ 与 100 之差的绝对值不超过 0.1 的概率不小于 0.99？

解　（1）由于 $X_i \sim N(100, 0.01)$，$i = 1, 2, \cdots, n$，

$$E[\bar{X}] = \frac{1}{n}\sum_{i=1}^{n} E[X_i] = \frac{1}{n}\sum_{i=1}^{n} 100 = 100,$$

$$\text{Var}[\bar{X}] = \frac{1}{n^2} \sum_{i=1}^{n} \text{Var}[X_i] = \frac{1}{n^2} \sum_{i=1}^{n} 0.01 = \frac{0.01}{n},$$

$$P(|\bar{X} - 100| \leqslant 0.1) = P(|\bar{X} - E[\bar{X}]| \leqslant 0.1) \geqslant 1 - \frac{\text{Var}[\bar{X}]}{0.1^2} = 1 - \frac{1}{n} \geqslant 0.99,$$

得 $n \geqslant 100$.

（2）因为 $X_i \sim N(100, 0.01)$，$i = 1, 2, \cdots, n$，且相互独立，则 $\bar{X} \sim N\left(100, \frac{0.01}{n}\right)$.

$$P(|\bar{X} - 100| \leqslant 0.1) = P(99.9 \leqslant \bar{X} \leqslant 100.1)$$
$$\approx \Phi\left(\frac{100.1 - 100}{\sqrt{0.01/n}}\right) - \Phi\left(\frac{99.9 - 100}{\sqrt{0.01/n}}\right)$$
$$= \Phi(\sqrt{n}) - \Phi(-\sqrt{n}) = 2\Phi(\sqrt{n}) - 1 \geqslant 0.99.$$

因此，$\Phi(\sqrt{n}) \geqslant 0.995$，查表知 $\Phi(2.58) = 0.995$，$\sqrt{n} \geqslant 2.58$，得 $n \geqslant 6.66$，取 $n = 7$.

实际上，做 7 次以上测量就满足要求，但用切比雪夫不等式得到的结果要 100 次以上，可见切比雪夫不等式的估计较为粗糙.

例 5.5　某住宅小区有 600 户居民，每户居民每天用电量（单位：kW·h）服从 $[0, 30]$ 上的均匀分布，现要以 0.99 的概率满足该小区居民用电需求，问电站每天至少需向该小区供应多少电？

解　设第 i 户居民一天的用电量为 $X_i (i = 1, 2, \cdots, 600)$，$X_1, X_2, \cdots, X_{600}$ 是相互独立的随机变量. 由于 $X_i \sim U(0, 30)$，故

$$E[X_i] = \frac{0 + 30}{2} = 15, \quad \text{Var}[X_i] = \frac{1}{12}(30 - 0)^2 = 75.$$

设电站每天向该小区供电量为 D，要满足 $P\left(\sum_{i=1}^{600} X_i \leqslant D\right) \geqslant 0.99$，由林德伯格－莱维定理，所求概率为

$$P\left(\sum_{i=1}^{600} X_i \leqslant D\right) \approx \Phi\left(\frac{D - 600 \times 15}{\sqrt{600 \times 75}}\right) = \Phi\left(\frac{D - 900}{150\sqrt{2}}\right) \geqslant 0.99.$$

因 $\Phi(2.33) = 0.99$，故 $\dfrac{D - 9000}{150\sqrt{2}} \geqslant 2.33$，得 $D \geqslant 9494.27$，即每天至少供电 9494.27kW·h 才能以 0.99 的概率满足小区的用电需求.

例 5.6　设某银行服务窗口接待一位顾客的服务时间（单位：min）服从参数为 $1/10$ 的指数分布.

（1）求 8h 以内该服务窗口能接待 48 位顾客的概率.

（2）若 8h 以内该服务窗口能完成接待 n 位顾客任务的概率达 99%，顾客数 n 最多是多少？

解　（1）设接待第 i 个顾客的时间是 $X_i \min(i = 1, 2, \cdots, 48)$. 由于 $X_i \sim \text{Exp}\left(\frac{1}{10}\right)$，则 $E[X_i] = 10, \text{Var}[X_i] = 100$.

该服务窗口接待 48 位顾客的时间为 $\sum_{i=1}^{48} X_i$，由林德伯格－莱维定理，所求概率为

$$P\Big(\sum_{i=1}^{48} X_i \leqslant 480\Big) \approx \Phi\Big(\frac{480 - 48 \times 10}{\sqrt{48 \times 100}}\Big) = \Phi(0) = 0.5.$$

(2)设接待第 i 个顾客的时间是 $X_i \min(i = 1, 2, \cdots, n)$,由题意有

$$P\Big(\sum_{i=1}^{n} X_i \leqslant 480\Big) \approx \Phi\Big(\frac{480 - 10n}{\sqrt{100n}}\Big) \geqslant 0.99.$$

由于 $\Phi(2.33) = 0.99, \dfrac{480 - 10n}{\sqrt{100n}} \geqslant 2.33$,得 $n \leqslant 34.35$,取整得 $n = 34$.

从(1)、(2)的结果可知,虽然接待一位顾客的平均时间是 10min,8h 能平均接待 48 位顾客,但 8h 能完成接待 48 位顾客任务的概率并不大,只为 50%. 若要以 99% 的概率完成接待任务,顾客数不能超过 34 位.

例 5.7 设某本书有 500 000 个印刷符号. 排版时每个印刷符号被排错的概率为 0.000 1,经校对后错误符号能被更正的概率为 0.7,求校对后被排错符号不多于 20 个的概率.

解 设随机变量

$$X_i = \begin{cases} 1 & \text{若第 } i \text{ 个符号经校对后仍出错} \\ 0 & \text{其他} \end{cases}, \quad i = 1, 2, \cdots, 500\,000,$$

则 $X_1, X_2, \cdots, X_{500\,000}$ 是独立同分布的 0—1 分布的随机变量序列. 依题意知

$$p = P(X_i = 1) = 0.000\,1 \times 0.3 = 0.000\,03.$$

校对后被排错符号不多于 20 个的概率为 $P\Big(\sum_{i=1}^{500\,000} X_i \leqslant 20\Big)$,由棣莫弗－拉普拉斯定理,有

$$P\Big(\sum_{i=1}^{500\,000} X_i \leqslant 20\Big) \approx \Phi\Big(\frac{20 - 500\,000 \times 0.000\,03}{\sqrt{500\,000 \times 0.000\,03 \times (1 - 0.000\,03)}}\Big) = \Phi(1.29) = 0.901\,5.$$

例 5.8 工厂生产的一批产品由于数量大,无法知道其次品率 p. 现从这批产品中抽出 n 件产品进行检测. 问 n 至少多大才能使所抽出的 n 件产品的次品率与全部产品的次品率 p 相差不超过 5% 的概率不小于 95%?

解 设随机变量 X 是所抽出的 n 件产品中次品的个数. 由于产品的数量大,可以近似地认为,抽取 n 个产品与有放回地抽取 n 个产品的试验条件相同. 此时,X 近似服从二项分布 $B(n, p)$.

依题意知 $P\Big(\Big|\dfrac{X}{n} - p\Big| \leqslant 0.05\Big) \geqslant 0.95$. 由棣莫弗－拉普拉斯定理,有

$$P\Big(\Big|\frac{X}{n} - p\Big| \leqslant 0.05\Big) = P(np - 0.05n \leqslant X \leqslant np + 0.05n)$$

$$\approx \Phi\Big(\frac{np + 0.05n - np}{\sqrt{np(1-p)}}\Big) - \Phi\Big(\frac{np - 0.05n - np}{\sqrt{np(1-p)}}\Big)$$

$$= 2\Phi\Big(\frac{0.05n}{\sqrt{np(1-p)}}\Big) - 1 \geqslant 0.95.$$

因此，$\Phi\left(\dfrac{0.05n}{\sqrt{np(1-p)}}\right)\geqslant 0.975$，由 $\Phi(1.96)=0.975$ 知 $\dfrac{0.05n}{\sqrt{np(1-p)}}\geqslant 1.96$，即 $n\geqslant$ $39.2^2 p(1-p)$. 由于

$$p(1-p)=\frac{1}{4}-\left(\frac{1}{2}-p\right)^2\leqslant\frac{1}{4},\ \text{有}\ 39.2^2 p(1-p)\leqslant 39.2^2\times\frac{1}{4}=384.16,\ \text{所以}\ n\geqslant$$

384.16，即 n 至少取 385 才能满足要求.

六、习 题 详 解

5.1　假设 X 和 Y 为随机变量，且满足 $E[X]=-2$，$E[Y]=2$，$\mathrm{Var}[X]=1$，$\mathrm{Var}[Y]=9$，X 与 Y 的相关系数 $r(X,Y)=-0.5$. 试由切比雪夫不等式确定满足不等式 $P\{|X+Y|\geqslant 6\}\leqslant c$ 的最小正数 c 之值.

解　因为

$$E[X+Y]=E[X]+E[Y]=-2+2=0,$$
$$\begin{aligned}\mathrm{Var}[X+Y]&=\mathrm{Var}[X]+\mathrm{Var}[Y]+2\mathrm{cov}(X,Y)\\&=\mathrm{Var}[X]+\mathrm{Var}[Y]+2r(X,Y)\sqrt{\mathrm{Var}[X]}\sqrt{\mathrm{Var}[Y]}\\&=1+9+2\times(-0.5)\times\sqrt{1}\times\sqrt{9}=7,\end{aligned}$$

由切比雪夫不等式 $P(|(X+Y)-E[X+Y]|\geqslant 6)\leqslant\dfrac{\mathrm{Var}[X+Y]}{6^2}$，有

$$P(|X+Y|\geqslant 6)\leqslant\frac{7}{6^2}=\frac{7}{36},$$

得 $c=\dfrac{7}{36}$.

5.2　设 X_1,X_2 为随机变量且 $E[X_i]=0$，$\mathrm{Var}[X_i]=1(i=1,2)$. 证明：对任意的 $\lambda>0$，有 $P\{X_1^2+X_2^2\geqslant 2\lambda\}\leqslant\dfrac{1}{\lambda}$.

证明　不妨设 (X_1,X_2) 为二维连续型随机变量，其密度函数为 f_{X_1,X_2}，由于

$$E[X_1^2+X_2^2]=\int_{-\infty}^{+\infty}\int_{-\infty}^{+\infty}(x^2+y^2)f_{X_1,X_2}(x,y)\mathrm{d}x\mathrm{d}y,$$

$$\begin{aligned}P(X_1^2+X_2^2\geqslant 2\lambda)&=\iint\limits_{x^2+y^2\geqslant 2\lambda}f_{X_1,X_2}(x,y)\mathrm{d}x\mathrm{d}y\leqslant\iint\limits_{x^2+y^2\geqslant 2\lambda}\frac{x^2+y^2}{2\lambda}f_{X_1,X_2}(x,y)\mathrm{d}x\mathrm{d}y\\&=\int_{-\infty}^{+\infty}\int_{-\infty}^{+\infty}\frac{x^2+y^2}{2\lambda}f_{X_1,X_2}(x,y)\mathrm{d}x\mathrm{d}y\\&=\frac{1}{2\lambda}E[X_1^2+X_2^2]=\frac{1}{2\lambda}E[X_1^2]+\frac{1}{2\lambda}E[X_2^2]\\&=\frac{1}{2\lambda}\{\mathrm{Var}[X_1]+(E[X_1])^2\}+\frac{1}{2\lambda}\{\mathrm{Var}[X_2]+(E[X_2])^2\}\\&=\frac{1}{2\lambda}(1+0)+\frac{1}{2\lambda}(1+0)=\frac{1}{\lambda}.\end{aligned}$$

5.3　在一枚均匀正四面体的四个面上分别画上 $1,2,3,4$ 个点. 现将该四面体重复投掷,$X_i(i=1,2,3,\cdots)$ 为第 i 次投掷向下一面的点数. 试求:当 $n\to+\infty$ 时,$\dfrac{1}{n}\sum\limits_{i=1}^{n}X_i^2$ 依概率收敛的极限.

解　已知 $X_i(i=1,2,3,\cdots)$ 的分布列为

X_i	1	2	3	4
p	$\dfrac{1}{4}$	$\dfrac{1}{4}$	$\dfrac{1}{4}$	$\dfrac{1}{4}$

$$E[X_i^2]=\sum_{k=1}^{4}k^2\cdot P(X_i=k)=\sum_{k=1}^{4}k^2\cdot\frac{1}{4}=\frac{15}{2},\ i=1,2,3,\cdots.$$

可见,$X_1^2,X_2^2,X_3^2,\cdots$ 是独立同分布的随机序列,且有相同的数学期望 $\dfrac{15}{2}$,满足辛钦大数律,因此,对任意 $\varepsilon>0$,有 $\lim\limits_{n\to+\infty}P\left(\left|\dfrac{1}{n}\sum\limits_{i=1}^{n}X_i^2-\dfrac{15}{2}\right|\geqslant\varepsilon\right)=0$,即 $\dfrac{1}{n}\sum\limits_{i=1}^{n}X_i^2$ 依概率收敛的极限为 $\dfrac{15}{2}$.

5.4　设 $\{X_n\}$ 是独立的随机变量序列,且假设

$$P\{X_n=\sqrt{\ln n}\}=P\{X_n=-\sqrt{\ln n}\}=0.5,\quad n=1,2,3,\cdots.$$

问:$\{X_n\}$ 是否服从大数定律?

解　$E[X_i]=\sqrt{\ln i}\times0.5+(-\sqrt{\ln i})\times0.5=0,$

$\mathrm{Var}[X_i]=E[X_i^2]-(E[X_i])^2$

$\qquad=(\sqrt{\ln i})^2\times0.5+(-\sqrt{\ln i})^2\times0.5-0^2=\ln i,\quad i=1,2,3,\cdots,$

则

$$E\left[\frac{1}{n}\sum_{i=1}^{n}X_i\right]=\frac{1}{n}\sum_{i=1}^{n}E[X_i]=0,$$

$$\mathrm{Var}\left[\frac{1}{n}\sum_{i=1}^{n}X_i\right]=\frac{1}{n^2}\sum_{i=1}^{n}\mathrm{Var}[X_i]$$

$$=\frac{1}{n^2}\sum_{i=1}^{n}\ln i,\quad n=1,2,3,\cdots.$$

利用切比雪夫不等式:对任意 $\varepsilon>0$,由

$$P\left(\left|\frac{1}{n}\sum_{i=1}^{n}X_i-E\left[\frac{1}{n}\sum_{i=1}^{n}X_i\right]\right|\geqslant\varepsilon\right)\leqslant\frac{\mathrm{Var}\left[\dfrac{1}{n}\sum\limits_{i=1}^{n}X_i\right]}{\varepsilon^2},$$

得

$$P\left(\left|\frac{1}{n}\sum_{i=1}^{n}X_i-0\right|\geqslant\varepsilon\right)\leqslant\frac{\dfrac{1}{n^2}\sum\limits_{i=1}^{n}\ln i}{\varepsilon^2}\leqslant\frac{\dfrac{1}{n^2}\sum\limits_{i=1}^{n}\ln n}{\varepsilon^2}=\frac{\ln n}{n\varepsilon^2},$$

从而有

$$0 \leqslant \lim_{n \to +\infty} P\left(\left| \frac{1}{n} \sum_{i=1}^{n} X_i - 0 \right| \geqslant \varepsilon \right) \leqslant \lim_{n \to +\infty} \frac{\ln n}{n \varepsilon^2} = 0,$$

得

$$\lim_{n \to +\infty} P\left(\left| \frac{1}{n} \sum_{i=1}^{n} X_i - 0 \right| \geqslant \varepsilon \right) = 0.$$

即随机变量序列 $\{X_n\}$ 服从大数定律.

5.5 设 $\{X_n\}$ 是独立同分布的随机变量序列, 且假设 $E[X_n] = 2, \mathrm{Var}[X_n] = 6$, 证明: $\dfrac{X_1^2 + X_2 X_3 + X_4^2 + X_5 X_6 + \cdots + X_{3n-2}^2 + X_{3n-1} X_{3n}}{n} \xrightarrow{P} a$, $n \to +\infty$, 并确定常数 a 之值.

解 令 $Y_k = X_{3k-2}^2 + X_{3k-1} X_{3k}$, $k = 1, 2, 3, \cdots$, 因为 $\{X_k\}$ 是独立同分布的随机变量序列, 所以 $\{Y_k\}$ 也是独立同分布的随机变量序列, 且

$$\begin{aligned}
E[Y_k] &= E[X_{3k-2}^2 + X_{3k-1} X_{3k}] = E[X_{3k-2}^2] + E[X_{3k-1} X_{3k}] \\
&= \mathrm{Var}[X_{3k-2}] + (E[X_{3k-2}])^2 + E[X_{3k-1}] E[X_{3k}] \\
&= 6 + 2^2 + 2 \times 2 = 14, \quad k = 1, 2, \cdots.
\end{aligned}$$

可见, 序列 $\{Y_k\}$ 满足辛钦大数定律的条件, 根据辛钦大数定律, 得

$$\frac{Y_1 + Y_2 + \cdots + Y_n}{n} \xrightarrow{P} 14, \quad n \to +\infty$$

即

$$\frac{X_1^2 + X_2 X_3 + X_4^2 + X_5 X_6 + \cdots + X_{3n-2}^2 + X_{3n-1} X_{3n}}{n} \xrightarrow{P} 14, \quad n \to +\infty$$

所以 $a = 14$.

5.6 设随机变量 $X \sim B(100, 0.8)$, 试用棣莫弗 - 拉普拉斯定理求 $P\{80 \leqslant X < 100\}$ 的近似值.

解 由 $X \sim B(100, 0.8)$ 知 $E[X] = 100 \times 0.8 = 80, \mathrm{Var}[X] = 100 \times 0.8 \times 0.2 = 16$. 根据棣莫弗 - 拉普拉斯定理近似计算, 有

$$P(80 \leqslant X < 100) = P(80 \leqslant X \leqslant 99) \approx \Phi\left(\frac{99 - E[X]}{\sqrt{\mathrm{Var}[X]}} \right) - \Phi\left(\frac{80 - E[X]}{\sqrt{\mathrm{Var}[X]}} \right)$$

$$= \Phi\left(\frac{99 - 80}{\sqrt{16}} \right) - \Phi\left(\frac{80 - 80}{\sqrt{16}} \right) = \Phi(4.75) - \Phi(0) \approx 1 - 0.5 = 0.5.$$

值得注意的是, 上述计算是近似计算. 若对二项分布的概率直接计算, 则

$$P(80 \leqslant X < 100) = \sum_{k=80}^{99} \binom{100}{k} \times 0.8^k (1 - 0.8)^{100-k} = 0.559\,5.$$

若用修正公式近似计算, 有

$$P(80 \leqslant X < 100) = P(80 \leqslant X \leqslant 99)$$

$$\approx \Phi\left(\frac{99 + 0.5 - E[X]}{\sqrt{\mathrm{Var}[X]}} \right) - \Phi\left(\frac{80 - 0.5 - E[X]}{\sqrt{\mathrm{Var}[X]}} \right)$$

$$= \Phi\left(\frac{99.5 - 80}{\sqrt{16}} \right) - \Phi\left(\frac{79.5 - 80}{\sqrt{16}} \right) = \Phi(4.875) - \Phi(-0.125)$$

$$= \Phi(4.875) - 1 + \Phi(0.125) \approx 0.549\,7.$$

可见,与概率值 0.559 5 相比,用修正近似公式的结果 0.549 7 比前面近似计算的结果 0.5 精确.

5.7 一仪器同时收到 50 个信号 $X_k, k=1,2,\cdots,50$,设 $X_1,X_2,\cdots,X_{50}$ 相互独立,且都服从区间 $[0,9]$ 上的均匀分布,试求 $P\left(\sum\limits_{k=1}^{50}X_k>250\right)$ 的近似值.

解 由 $X_k \sim U(0,9), k=1,2,\cdots,50$,有

$$E[X_k]=\frac{9}{2}, \ \mathrm{Var}[X_k]=\frac{1}{12}(9-0)^2=\frac{27}{4}.$$

根据林德伯格-莱维定理近似计算,有

$$P\left(\sum_{k=1}^{50}X_k>250\right)=1-P\left(\sum_{k=1}^{50}X_k\leqslant250\right)$$

$$\approx1-\Phi\left(\frac{250-50\times\dfrac{9}{2}}{\sqrt{50\times\dfrac{27}{4}}}\right)$$

$$=1-\Phi(1.36)=1-0.913=0.087.$$

5.8 一个复杂的系统由 n 个相互独立起作用的部件所组成,每个部件损坏的概率为 0.10. 为了使整个系统正常运行,至少需要 80% 或 80% 以上的部件正常工作. 问: n 至少为多大才能使整个系统正常工作的概率不小于 95% ?

解 将 n 个部件编号:$1,2,\cdots,n$,记

$$X_i=\begin{cases}1 & \text{若第 } i \text{ 个部件正常工作}\\0 & \text{否则}\end{cases} \quad i=1,2,\cdots,n,$$

则 $X_i \sim B(1,0.9)$,且 $X_1,X_2,\cdots,X_n$ 相互独立.

依题意,要求

$$P\left(\frac{1}{n}\sum_{i=1}^{n}X_i\geqslant0.8\right)\geqslant0.95,$$

即要求满足 $P\left(\sum\limits_{i=1}^{n}X_i\geqslant0.8n\right)\geqslant0.95.$

根据棣莫弗-拉普拉斯定理近似计算,有

$$P\left(\sum_{i=1}^{n}X_i\geqslant0.8n\right)\approx1-\Phi\left(\frac{0.8n-n\times0.9}{\sqrt{n\times0.9\times0.1}}\right)=1-\Phi\left(-\frac{\sqrt{n}}{3}\right)=\Phi\left(\frac{\sqrt{n}}{3}\right).$$

由 $\Phi(1.65)=0.95$,应有 $\dfrac{\sqrt{n}}{3}\geqslant1.65$,即 $n\geqslant(3\times1.65)^2=24.502\,5$,取 $n=25$.

5.9 某大卖场某种商品价格波动为随机变量,设第 k 天(较前一天)的价格变化为 $X_k,k=1,2,\cdots,n.$ $X_1,X_2,\cdots,X_n$ 独立同分布,都服从 $[-0.15,0.15]$ 上的均匀分布. 令 $Y_n=Y_0+\sum\limits_{i=1}^{n}X_i$ 表示第 n 天的价格,而现在价格 $Y_0=50.$ 用中心极限定理估计概率

$P(48 \leqslant Y_{60} \leqslant 52)$ 之值.

解　$X_1, X_2, \cdots, X_n$ 是独立同分布的随机变量序列,它们的数学期望 μ 和方差 σ^2 为

$$\mu = \frac{-0.15 + 0.15}{2} = 0, \quad \sigma^2 = \frac{1}{12}[0.15 - (-0.15)]^2 = 0.0075.$$

根据林德伯格 - 莱维定理近似计算,有

$$P(48 \leqslant Y_{60} \leqslant 52) = P\left(48 \leqslant Y_0 + \sum_{k=1}^{60} X_k \leqslant 52\right) = P\left(48 - 50 \leqslant \sum_{k=1}^{60} X_k \leqslant 52 - 50\right)$$

$$\approx \Phi\left(\frac{2 - 60\mu}{\sqrt{60\sigma^2}}\right) - \Phi\left(\frac{-2 - 60\mu}{\sqrt{60\sigma^2}}\right)$$

$$= \Phi(2.98) - \Phi(-2.98) = 2\Phi(2.98) - 1$$

$$= 2 \times 0.99856 - 1 = 0.9971.$$

5.10　设某汽车销售点每天出售的汽车数量服从参数为 $\lambda = 2$ 的泊松分布,若 200 天都销售汽车,且每天出售的汽车数是相互独立的,求 200 天售出 380 辆以上汽车的概率.

解　设 200 天中等 i 天出售的汽车数量为 $X_i, i = 1, 2, \cdots, 200$,则由题意知,

$$X_i \sim \text{Pois}(2), i = 1, 2, \cdots, 200, \quad \mu = E[X_i] = 2, \quad \sigma^2 = \text{Var}[X_i] = 2,$$

200 天售出汽车的数量为 $\sum_{i=1}^{200} X_i$,则

$$P\left(\sum_{i=1}^{200} X_i > 380\right) = 1 - P\left(\sum_{i=1}^{200} X_i \leqslant 380\right) \approx 1 - \Phi\left(\frac{380 - 200\mu}{\sqrt{200\sigma^2}}\right)$$

$$= 1 - \Phi\left(\frac{380 - 200 \times 2}{\sqrt{200 \times 2}}\right) = 1 - \Phi(-1) = \Phi(1) = 0.8413.$$

5.11　假设某洗衣店为第 i 个顾客服务的时间 X_i 服从区间 $[5, 53]$(单位:min)上的均匀分布,且对每个顾客是相互独立的.试问:当 $n \to +\infty$ 时,n 次服务时间的算术平均值 $\frac{1}{n}\sum_{i=1}^{n} X_i$ 以概率 1 收敛于何值?

解　$X_1, X_2, \cdots, X_n, \cdots$ 为独立同分布的随机变量序列,它们的数学期望 μ 为

$$\mu = E[X_k] = \frac{5 + 53}{2} = 29, \quad k = 1, 2, 3, \cdots.$$

则 $X_1, X_2, \cdots, X_n, \cdots$ 满足柯尔莫哥洛夫强大数定律,从而有

$$P\left(\lim_{n \to +\infty} \frac{1}{n}\sum_{k=1}^{n}(X_k - 29) = 0\right) = 1,$$

即

$$P\left(\lim_{n \to +\infty} \frac{1}{n}\sum_{k=1}^{n} X_k = 29\right) = 1.$$

当 $n \to +\infty$ 时,n 次服务时间的算术平均值 $\frac{1}{n}\sum_{k=1}^{n} X_k$ 以概率 1 收敛于数值 29.

第六章 数理统计的基本概念

一、基本内容

总体与样本,简单随机样本,统计量,经验分布函数,样本均值和样本方差的数字特征,三种重要的概率分布及性质,抽样分布基本定理及推论,分位数,顺序统计量分布密度函数的计算.

二、基本要求

(1)理解总体与样本的概念,以及简单随机样本在数学处理上的方便之处.

(2)理解统计量的概念,并熟悉几个常见的统计量.

(3)了解经验分布函数的概念及其与总体分布函数的关系.

(4)掌握样本均值和样本方差的数字特征,并能熟练计算.

(5)掌握三种重要概率分布的概念和性质,熟练判别分布类型.

(6)掌握分位数的概念,能够熟练准确计算不同分布的分位数.

(7)理解并掌握正态总体的抽样分布定理,以及由此引申出来的服从三种重要分布的统计量.

(8)理解并掌握顺序统计量的分布密度函数计算公式.

三、基本知识提要

(一)总体与样本

总体是所考虑对象的全体,通常是关心对象的某个指标;样本是按照一定的规则从整体中抽取出若干个个体,为了数学上容易处理,往往要求这个抽取规则保证这些个体是相互独立的.数理统计的中心任务就是从样本信息推断总体信息,为了用概率论等数学工具来把握这种推断的合理性或准确性,需要把总体看成一个随机变量,样本看成一个随机向量,其各分量相互独立,且都与总体同分布.本书主要讨论在总体分布类型确定时,如何通过样本对参数进行估计或检验.

根据上面对样本的要求,如果总体 $X \sim F_X(\ . \ , \theta)$,$(X_1, X_2, \cdots, X_n)$是其样本,则可得样本这一随机向量的联合分布(也可以是联合密度函数或联合分布列)

$$F_{X_1, X_2, \cdots, X_n}(x_1, x_2, \cdots, x_n; \theta) = F_X(x_1, \theta)F_X(x_2, \theta)\cdots F_X(x_n, \theta).$$

(二)统计量

设 $(X_1, X_2, \cdots, X_n)$ 是总体 X 的一个样本,统计量是指 $(X_1, X_2, \cdots, X_n)$ 的一个函数,且其中不含有未知参数. 换句话说,只要样本数据确定好,统计量的值也就确定了. 当然统计量要有的放矢,对处理问题要有价值. 常用的统计量有以下几个:

(1)样本均值: $\bar{X} = \dfrac{1}{n}(X_1 + X_2 + \cdots + X_n)$,观测值用 $\bar{x} = \dfrac{1}{n}(x_1 + x_2 + \cdots + x_n)$ 表示.

(2)样本方差: $S_n^2 = \dfrac{1}{n}\sum_{i=1}^{n}(X_i - \bar{X})^2$;修正样本方差: $S_n^{*2} = \dfrac{1}{n-1}\sum_{i=1}^{n}(X_i - \bar{X})^2$.

(3)样本 k 阶原点矩: $\bar{X}^k = \dfrac{1}{n}(X_1^k + X_2^k + \cdots + X_n^k)$.

(4)样本 k 阶中心矩: $\dfrac{1}{n}\sum_{i=1}^{n}(X_i - \bar{X})^k$.

(5)顺序统计量: $X_{(1)} \leqslant X_{(2)} \leqslant \cdots \leqslant X_{(n)}$,其中 $X_{(1)} = \min\{X_1, X_2, \cdots, X_n\}$, $X_{(n)} = \max\{X_1, X_2, \cdots, X_n\}$,而 $X_{(k)}$ 是将 $X_1, X_2, \cdots, X_n$ 的取值从小到大排列第 k 位的值.

(6)样本中位数: $\widetilde{X} = \begin{cases} X_{\left(\frac{n+1}{2}\right)} & \text{若 } n \text{ 为奇数} \\ \dfrac{1}{2}\left(X_{\left(\frac{n}{2}\right)} + X_{\left(\frac{n}{2}+1\right)}\right) & \text{若 } n \text{ 为偶数} \end{cases}$

(7)样本极差: $R_n^X = X_{(n)} - X_{(1)}$.

(三)经验分布函数

如果总体分布未知,由伯努利大数定律可知,可以用经验分布函数去逼近总体分布. 经验分布函数是一个阶梯函数. 事实上,它是以样本观测值作为等概率分布列的分布函数,也可以等价地表述为: $F_n^X(x) = \{$样本观测值中不超过 x 的个数$\}/n$,其中 $(X_1, X_2, \cdots, X_n)$ 为来自总体 X 的样本, $(x_1, x_2, \cdots, x_n)$ 为样本观测值.

(四)样本均值和样本方差的数字特征

样本均值和样本方差的数字特征是今后参数估计的重要依据. 设 $(X_1, X_2, \cdots, X_n)$ 是来自总体 X 的样本, $E(X) = \mu$, $\mathrm{Var}(X) = \sigma^2$,则

$$E[\bar{X}] = \mu, \quad \mathrm{Var}[\bar{X}] = \frac{\sigma^2}{n}, \quad E[S_n^2] = \frac{n-1}{n}\sigma^2, \quad E[S_n^{*2}] = \sigma^2.$$

(五)三种重要的概率分布

首先回顾一下微积分中的广义积分函数——Gamma 函数. 这个函数定义为 $\Gamma(x) = \int_0^\infty \mathrm{e}^{-t}t^{x-1}\mathrm{d}t, x > 0$. 它具有以下性质:

$$\Gamma(x+1) = x\Gamma(x), \quad \Gamma(n+1) = n!, \quad \Gamma(1) = 1, \quad \Gamma\left(\frac{1}{2}\right) = \sqrt{\pi}.$$

根据这些性质 $\Gamma\left(\dfrac{n}{2}\right)$，$n=1,2,3,\cdots$ 均可以明确计算出来．三种重要的概率分布的密度函数表达式都与 Gamma 函数有关．

1）χ^2 分布

定义　如果 X 的分布密度函数为

$$f(x)=\begin{cases}\dfrac{1}{2^{\frac{n}{2}}\Gamma\left(\dfrac{n}{2}\right)}x^{\frac{n}{2}-1}\mathrm{e}^{-\frac{x}{2}}&x>0\\[4mm]0&x\leqslant0\end{cases},$$

那么称随机变量 X 服从自由度为 n 的 χ^2 分布（卡方分布），记作 $X\sim\chi^2(n)$．

性质　（1）设总体 $X\sim N(0,1)$，$(X_1,X_2,\cdots,X_n)$ 为其简单随机样本，则

$$X_1^2+X_2^2+\cdots+X_n^2\sim\chi^2(n)\,.$$

（2）若 $X\sim\chi^2(n)$，则 $E[X]=n$，$\mathrm{Var}[X]=2n$．

（3）若 $X_1\sim\chi^2(n_1)$，$X_2\sim\chi^2(n_2)$，且 X_1,X_2 独立，则 $X_1+X_2\sim\chi^2(n_1+n_2)$．

（4）若 $X\sim\chi^2(n)$，则当 n 趋于无穷时，$\dfrac{X-n}{\sqrt{2n}}$ 近似服从 $N(0,1)$．

注　（1）的证明需要利用密度函数经过较为繁琐的数学计算得到，在此省略这个证明，不影响我们今后的应用．今后判断一个分布是否为卡方分布，不是通过分布密度函数，而几乎都是通过性质（1）从形式上来判断．

（2）的证明将在例题给出．

（3）既可以通过独立随机变量之和的密度函数卷积公式证明，也可以通过（1）形式上证明．后者更加简洁，直接就可以得出．

（4）的证明则可在（2）的基础上利用中心极限定理得到．

2）t 分布

定义　如果 T 的分布密度函数为

$$f_T(t)=\dfrac{\Gamma\left(\dfrac{n+1}{2}\right)}{\sqrt{n\pi}\,\Gamma\left(\dfrac{n}{2}\right)}\left(1+\dfrac{t^2}{n}\right)^{-\frac{n+1}{2}},\quad-\infty<t<+\infty\,.$$

那么称随机变量 T 服从自由度为 n 的 t 分布，记作 $T\sim t(n)$．

性质　（1）设 $X\sim N(0,1)$，$Y\sim\chi^2(n)$，且 X,Y 相互独立，则 $T=\dfrac{X}{\sqrt{\dfrac{Y}{n}}}\sim t(n)$．

（2）若 $T\sim t(n)$，则 $E[T]=0$（$n>1$），$\mathrm{Var}[T]=\dfrac{n}{n-2}$（$n>2$）．

（3）t 分布的密度函数是偶函数．当 $n\to+\infty$ 时，$t(n)$ 分布渐近于 $N(0,1)$．

注　判断一个分布是否为 t 分布，也不是通过分布密度函数，而几乎都是通过性质（1）从形式上来判断．

3）F 分布

定义　如果 Z 的分布密度函数为

$$f_Z(z) = \begin{cases} \dfrac{\Gamma\left(\dfrac{m+n}{2}\right)}{\Gamma\left(\dfrac{m}{2}\right)\Gamma\left(\dfrac{n}{2}\right)} m^{\frac{m}{2}} n^{\frac{n}{2}} \cdot \dfrac{z^{\frac{m}{2}-1}}{(mz+n)^{\frac{(m+n)}{2}}} & z > 0 \\ 0 & z \leqslant 0 \end{cases},$$

那么称随机变量 Z 服从第一自由度为 m、第二自由度为 n 的 F 分布,记作 $Z \sim F(m, n)$.

性质 (1)若 $X \sim \chi^2(m)$,$Y \sim \chi^2(n)$,且 X 与 Y 独立,则 $Z = \dfrac{\dfrac{X}{m}}{\dfrac{Y}{n}} \sim F(m, n)$.

(2)若 $Z \sim F(m, n)$,则 $\dfrac{1}{Z} \sim F(n, m)$.

注 判断一个分布是否为 F 分布,也不是通过分布密度函数,而几乎都是通过性质(1)从形式上来判断. 性质(2)很容易由性质(1)推出.

(六)分位数

设 $X \sim \psi(n)$(ψ 为某种分布,n 为有关自由度),$0 < \alpha < 1$. 称满足
$$P(X \leqslant \psi_\alpha(n)) = \alpha$$
的数 $\psi_\alpha(n)$ 为分布 $\psi(n)$ 的 α 分位数(或分位点).

图 6.1 中所示是几种常见的分位数.

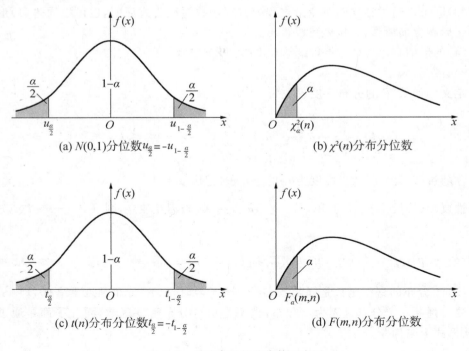

(a) $N(0,1)$分位数$u_{\frac{\alpha}{2}} = -u_{1-\frac{\alpha}{2}}$

(b) $\chi^2(n)$分布分位数

(c) $t(n)$分布分位数$t_{\frac{\alpha}{2}} = -t_{1-\frac{\alpha}{2}}$

(d) $F(m,n)$分布分位数

图 6.1 几种常见的分位数示意图

分位数就是先给定概率,然后去求符合要求的阈值,理论上就是计算一个密度函数积分的上限或下限,实际应用中是通过查表或者软件求得. 查表时,有些分位数没有列出,需要通过分布的一些性质转化得到. 譬如,对标准正态分布有 $u_{\frac{\alpha}{2}} = -u_{1-\frac{\alpha}{2}}$,这是利用了密度函数的偶函数这一性质. 同样,$t(n)$ 分布密度函数也是偶函数,所以 $t_{\frac{\alpha}{2}} = -t_{1-\frac{\alpha}{2}}$.

对于 F 分布,我们有公式 $F_{\alpha}(m,n) = \dfrac{1}{F_{1-\alpha}(n,m)}$,这是因为设 $Z \sim F(m,n)$,则

$\dfrac{1}{Z} \sim F(n,m)$,由分位数定义

$$1 - \alpha = 1 - P(Z \leqslant F_{\alpha}(m,n)) = P(Z > F_{\alpha}(m,n)) = P\left(\dfrac{1}{Z} < \dfrac{1}{F_{\alpha}(m,n)}\right),$$

这说明 $\dfrac{1}{F_{\alpha}(m,n)} = F_{1-\alpha}(n,m)$.

(七)正态总体的抽样分布

抽样分布基本定理　设总体 $X \sim N(0,1)$,$(X_1, X_2, \cdots, X_n)$ 为其样本,则

(1)样本均值 $\overline{X} = \dfrac{1}{n}\sum_{i=1}^{n} X_i \sim N\left(0, \dfrac{1}{n}\right)$,$nS_n^2 = \sum_{i=1}^{n}(X_i - \overline{X}) \sim \chi^2(n-1)$.

(2)$\overline{X}$ 与 S_n^2 相互独立.

该定理中需要注意两个不那么自然的结果,一个是卡方分布自由度比平方求和的项数少 1. 这个原因将在后面解释;另一个是 S_n^2 表达式中含有 $\overline{X}$,但二者是独立的,粗略地解释,如果 $\overline{X}$ 变大,意味着各 X_i 也相应变大,所以刻画偏离程度的样本方差 S_n^2 还是一样. 当然这个定理可以给出数学上的严格证明,可以在数学专业的教材中找到.

从基本定理出发,结合前面介绍的三种重要概率分布的定义,特别是各分布的性质(1)中给出的"形式定义"得到以下推论. 这是第七章区间估计和假设检验的重要准备,需要在理解的基础上记住!

推论 1　设总体 $X \sim N(\mu, \sigma^2)$,$(X_1, X_2, \cdots, X_n)$ 为其样本,则

(1)样本均值 $\overline{X} \sim N\left(\mu, \dfrac{\sigma^2}{n}\right)$,$\dfrac{nS_n^2}{\sigma^2} \sim \chi^2(n-1)$.

(2)$\overline{X}$ 与 S_n^2 相互独立.

推论 2　设总体 $X \sim N(\mu, \sigma^2)$,$(X_1, X_2, \cdots, X_n)$ 为其样本,则

$$\dfrac{\overline{X} - \mu}{S_n^*}\sqrt{n} = \dfrac{\overline{X} - \mu}{S_n}\sqrt{n-1} \sim t(n-1).$$

推论 3　设总体 $X \sim N(\mu_1, \sigma_1^2)$,$(X_1, X_2, \cdots, X_m)$ 为其样本,样本均值为 $\overline{X}$,样本方差为 S_{1m}^2;另有与 X 独立的总体 $Y \sim N(\mu_2, \sigma_2^2)$,$(Y_1, Y_2, \cdots, Y_n)$ 为其样本,样本均值为 $\overline{Y}$,样本方差为 S_{2n}^2,则

$$\dfrac{mS_{1m}^2}{mS_{2n}^2} \cdot \dfrac{\sigma_2^2}{\sigma_1^2} \cdot \dfrac{n-1}{m-1} = \dfrac{S_{1m}^{*2}}{S_{2n}^{*2}} \cdot \dfrac{\sigma_2^2}{\sigma_1^2} \sim F(m-1, n-1).$$

推论 4　在推论 3 的假定中,若 $\sigma_1^2 = \sigma_2^2$,则

$$\frac{(\bar{X} - \bar{Y})(\mu_1 - \mu_2)}{S_w\sqrt{\dfrac{1}{m} + \dfrac{1}{n}}} \sim t(m + n - 2), \quad S_w = \sqrt{\frac{mS_{1m}^2 + nS_{2n}^2}{m + n - 2}}.$$

仅以推论 4 为例给出证明,其他推论类似方法可证.

事实上,由推论 1,$\bar{X} \sim N\left(\mu_1, \dfrac{\sigma_1^2}{m}\right)$,$\bar{Y} \sim N\left(\mu_2, \dfrac{\sigma_2^2}{n}\right)$,又因为 $\sigma_1^2 = \sigma_2^2 = \sigma^2$,所以

$$\frac{\bar{X} - \mu_1}{\sigma} \sim N\left(0, \frac{1}{m}\right), \quad \frac{\bar{Y} - \mu_2}{\sigma} \sim N\left(0, \frac{1}{n}\right), \quad \frac{(\bar{X} - \bar{Y}) - (\mu_1 - \mu_2)}{\sigma} \sim N\left(0, \frac{1}{m} + \frac{1}{n}\right),$$

同样由推论 1 以及 $\sigma_1^2 = \sigma_2^2 = \sigma^2$,有 $\dfrac{mS_{1m}^2}{\sigma^2} \sim \chi^2(m-1)$,$\dfrac{nS_{2n}^2}{\sigma^2} \sim \chi^2(n-1)$,所以

$$\frac{mS_{1m}^2 + nS_{2n}^2}{\sigma^2} \sim \chi^2(m + n - 2).$$

由于 X, Y 两个总体独立,因此 $\dfrac{(\bar{X} - \bar{Y}) - (\mu_1 - \mu_2)}{\sigma}$ 与 $\dfrac{mS_{1m}^2 + nS_{2n}^2}{\sigma^2}$ 相互独立,从而有

$$\frac{\dfrac{(\bar{X} - \bar{Y}) - (\mu_1 - \mu_2)}{\sigma}\Big/\sqrt{\dfrac{1}{m} + \dfrac{1}{n}}}{\sqrt{\dfrac{mS_{1m}^2 + nS_{2n}^2}{\sigma^2}\Big/(m + n - 2)}} \sim t(m + n - 2),$$

消去 σ 整理即得推论 4.

(八)顺序统计量的分布密度函数公式

设总体 X 的分布函数为 F_X,分布密度函数为 f_X,$(X_1, X_2, \cdots, X_n)$ 为其简单随机样本,顺序统计量为 $X_{(1)}, X_{(2)}, \cdots, X_{(n)}$,则 $X_{(k)}$ 的密度函数为

$$f_{X_{(k)}}(x) = \frac{n!}{(n-k)!(k-1)!}[F_X(x)]^{k-1}[1 - F_X(x)]^{n-k}f_X(x).$$

特别地,$f_{X_{(1)}}(x) = n[1 - F_X(x)]^{n-1}f_X(x)$,$f_{X_{(n)}}(x) = nF_X(x)^{n-1}f_X(x)$.

后面的两个式子固然可以看成上面结果的特殊情形,单独证明也不困难:

事实上,因为 $X_{(1)} = \min\{X_1, X_2, \cdots, X_n\}$,$X_{(n)} = \max\{X_1, X_2, \cdots, X_n\}$,且 $X_1, X_2, \cdots, X_n$ 相互独立,所以

$$P(X_{(1)} \leqslant x) = 1 - P(X_{(1)} > x) = 1 - P(X_1 > x, X_2 > x, \cdots, X_n > x)$$
$$= 1 - [1 - F_X(x)]^n,$$

$$P(X_{(n)} \leqslant x) = P(X_1 \leqslant x, X_2 \leqslant x, \cdots, X_n \leqslant x) = F_X(x)^n.$$

关于 x 求导即得 $f_{X_{(1)}}(x) = n[1 - F_X(x)]^{n-1}f_X(x)$,$f_{X_{(n)}}(x) = nF_X(x)^{n-1}f_X(x)$.

四、疑难分析

1. 总体与样本

总体是研究对象的全体，实际问题中通常是指个体的某个具体数量指标的全体．譬如，考察某校某年级男生的身高，这时所有这些学生的身高数据就是总体，每个学生的身高在测量之前是未知的．为了从理论上分析统计方法的优劣或准确性等的需要，需将一个总体看成一个随机变量，这是总体这个概念的要旨．总体就是一个随机变量或概率分布．当总体分布为指数分布时，称为指数分布总体；当总体分布为正态分布时，称为正态分布总体．正态分布总体是实际问题中最广泛的一类总体，也是本书主要讨论的总体类型．这里需要说明，很多分布严格来说是离散型分布，如上面的学生身高数据．但是，当个体数目很多、取值又比较密集时，可以近似看成连续型分布．这为数学上的处理和研究带来极大的便利．

如上分析，样本可以看成是若干个有限数据$(X_1, X_2, \cdots, X_n)$，n 称为样本容量．为了理论研究上的方便和有效，都假定样本是简单随机样本，每一个个体有同等的被抽出的机会，所以样本中的每一个个体也应看成是一个随机变量，且都与总体同分布，并且样本中的各个个体之间是相互独立的．简言之，样本是一个 n 维随机向量，各分量独立且与总体同分布．当总体为无限或者数目很大时，无放回抽样也可以近似看成有放回抽样，所得样本也可看成简单随机样本．当总体数目较小时，不能做这种近似．

2. 样本方差与修正样本方差

样本方差与修正样本方差两者相差一个系数．做这样一个修正是因为修正样本方差的期望才恰好是总体分布的方差．在后面参数估计会明白这是为了避免系统偏差，当用一个统计量去估计目标参数时，当然希望这个统计量的均值等于目标参数，同时，这一修正也与抽样基本定理中样本方差相关的自由度有一定联系．稍后将做解释．

最后需要说明的是，有些教材把修正样本方差直接称为样本方差，本书的样本方差则用样本二阶中心矩表述，很多具有统计功能的计算器、Excel 等软件算出的样本方差均为本书中所说的修正样本方差．一定要注意区分和正确转化，不能混乱不清．

3. 总体分布与经验分布函数

在很多实际问题中，我们都会假设所要考虑的总体分布类型已经知道，只是需要估计或者检验分布表达式中的参数．譬如，假设某个大学的学生身高总体服从正态分布$N(\mu, \sigma^2)$，而参数未知，或者知道一些这方面的信息，但是不知道是否准确或者准确性是否可以接受，这时就需要参数估计或者假设检验．有一些实际问题里总体分布类型无法事先确定，这时就可以用经验分布函数来近似总体的分布函数．理论上说，样本容量足够大，逼近就足够精确，所以可以通过经验分布函数来近似得到总体分布的信息．

4. 抽样分布基本定理中样本方差的自由度

在抽样分布定理中出现的 $nS_n^2 = \sum\limits_{i=1}^{n}(X_i - \bar{X})^2$ 形式上看是 n 项的平方求和,直观上自由度应该为 n. 为什么实际上会是自由度为 $n-1$ 呢?当然,我们可以从数学上通过密度函数的表达式来严格证明这件事情. 粗略地解释:这是因为 $X_1 - \bar{X}, X_2 - \bar{X}, \cdots, X_n - \bar{X}$ 这 n 个量 并不能自由变化,它们受到一个约束,即 $\sum\limits_{i=1}^{n}(X_i - \bar{X}) = 0$,这使得自由度少了一个. 现在再来看看修正样本方差 $S_n^{*2} = \dfrac{1}{n-1}\sum\limits_{i=1}^{n}(X_i - \bar{X})^2$,后面会述及,它是总体方差的无偏估计量,正是因为 $\sum\limits_{i=1}^{n}(X_i - \bar{X})^2$ 的自由度是 $n-1$,所以 $n-1$ 才是正好正确的除数. 这当然不是巧合,数学上已经蕴含了这种一致. 这里不给出数学证明,可以简单看一下 $n=2$ 的情形,以此来加深对自由度减一的理解和记忆. 当 $n=2$ 时,

$$\sum_{i=1}^{2}(X_i - \bar{X})^2 = \left(\frac{X_1 - X_2}{2}\right)^2 + \left(\frac{X_2 - X_1}{2}\right)^2 = \left(\frac{X_1 - X_2}{\sqrt{2}}\right)^2,$$

这恰好是标准正态分布的平方,也就是 $\chi^2(1)$ 分布.

五、典型例题选讲

例 6.1 某厂生产的电容器的使用寿命服从指数分布,但其参数 λ 未知. 为此任意抽查 n 个电容器,测其实际使用寿命. 试在这个问题中说明什么是总体、样本以及它们的分布.

解 总体 X 表示一个电容器的使用寿命,服从参数为 λ 的指数分布,其概率密度函数为

$$f(x) = \begin{cases} \lambda e^{-\lambda x} & x > 0 \\ 0 & x \leqslant 0 \end{cases}.$$

样本 $(X_1, X_2, \cdots, X_n)$ 表示所抽取的 n 个电容器中各电容器的使用寿命. 因为 $X_1, X_2, \cdots, X_n$ 相互独立,并且与总体 X 的分布相同,所以样本的联合概率密度函数为

$$f_{X_1, \cdots, X_n}(x_1, x_2, \cdots, x_n) = \begin{cases} \lambda^n e^{-\lambda(x_1 + x_2 + \cdots + x_n)} & x_1, x_2, \cdots, x_n > 0 \\ 0 & \text{其他} \end{cases}.$$

例 6.2 某产品 40 个装为一盒,为判断其每盒中次品数的情况,抽取 7 盒产品,检查其次品数,得样本观察值 $(0, 3, 2, 1, 1, 0, 1)$. 试指出总体和样本,并写出经验函数.

解 本题中总体 X 为盒中产品的次品个数,样本为 $(X_1, X_2, \cdots, X_7)$,它们与 X 同分布,且相互独立. 该样本观察值是 $(0, 3, 2, 1, 1, 0, 1)$. 由此得到 X 的一个经验函数为

$$F_n^X(x) = \frac{样本观察值中不超过 \ x \ 的个数}{n}$$

$$= \begin{cases} 0 & x < 0 \\[2mm] \dfrac{2}{7} & 0 \leqslant x < 1 \\[2mm] \dfrac{5}{7} & 1 \leqslant x < 2 \\[2mm] \dfrac{6}{7} & 2 \leqslant x < 3 \\[2mm] 1 & x \geqslant 3 \end{cases}.$$

它是总体 X 的一个近似分布.

例6.3 设 $(X_1, X_2, \cdots, X_n)$ 是取自总体 X 的一个样本,在 $(1) X \sim B(1, p)$,$(2) X \sim$ $\text{Exp}[\lambda]$ 两种情况下,分别求 $E[\bar{X}]$,$\text{Var}[\bar{X}]$,$E[S_n^2]$.

解 $(1) X \sim B(1, p)$,$E[X] = p$,$\text{Var}[X] = p(1 - p)$,所以

$$E[\bar{X}] = E\left[\frac{1}{n}\sum_{i=1}^{n} X_i\right] = \frac{1}{n}\sum_{i=1}^{n} E(X_i) = p,$$

$$\text{Var}[\bar{X}] = \text{Var}\left[\frac{1}{n}\sum_{i=1}^{n} X_i\right] = \frac{1}{n^2}\sum_{i=1}^{n} \text{Var}[X_i] = \frac{p(1 - p)}{n},$$

$$E[S_n^2] = E\left[\frac{1}{n}\sum_{i=1}^{n}(X_i - \bar{X})^2\right] = \frac{n - 1}{n}\text{Var}[X] = \frac{(n - 1)p(1 - p)}{n}.$$

$(2) X \sim \text{Exp}[\lambda]$,$E[X] = \dfrac{1}{\lambda}$,$\text{Var}[X] = \dfrac{1}{\lambda^2}$,所以

$$E[\bar{X}] = \frac{1}{\lambda}, \quad \text{Var}[\bar{X}] = \frac{\text{Var}[X]}{n} = \frac{1}{n\lambda^2}, \quad E[S_n^2] = \frac{n - 1}{n}\text{Var}[X] = \frac{n - 1}{n\lambda^2}.$$

例6.4 设总体 $X \sim N(0, 1)$,$(X_1, X_2, \cdots, X_n)$ 为简单随机样本. 试问下列统计量各服从什么分布?

$$(1) \ \frac{X_1 - X_2}{\sqrt{X_3^2 + X_4^2}}; \quad (2) \ \frac{\sqrt{n - 1}X_1}{\sqrt{\sum_{i=2}^{n} X_i^2}}; \quad (3) \ \frac{\left(\dfrac{n}{3} - 1\right)\sum_{i=1}^{3} X_i^2}{\sum_{i=4}^{n} X_i^2}.$$

解 (1) 因为 $X_i \sim N(0, 1)$,$i = 1, 2, \cdots, n$,所以 $X_1 - X_2 \sim N(0, 2)$,$\dfrac{X_1 - X_2}{\sqrt{2}} \sim$

$N(0, 1)$,$X_3^2 + X_4^2 \sim \chi^2(2)$,故 $\dfrac{X_1 - X_2}{\sqrt{X_3^2 + X_4^2}} = \dfrac{\dfrac{X_1 - X_2}{\sqrt{2}}}{\sqrt{\dfrac{X_3^2 + X_4^2}{2}}} \sim t(2)$.

(2) 因为 $X_1 \sim N(0, 1)$;$\sum_{i=2}^{n} X_i^2 \sim \chi^2(n - 1)$,所以

$$\frac{\sqrt{n-1}\,X_1}{\sqrt{\sum\limits_{i=2}^{n}X_i^2}} = \frac{X_1}{\sqrt{\sum\limits_{i=2}^{n}X_i^2 \Big/ (n-1)}} \sim t(n-1).$$

(3) 因为 $\sum\limits_{i=1}^{3}X_i^2 \sim \chi^2(3)$，$\sum\limits_{i=4}^{n}X_i^2 \sim \chi^2(n-3)$，所以

$$\frac{\left(\dfrac{n}{3}-1\right)\sum\limits_{i=1}^{3}X_i^2}{\sum\limits_{i=4}^{n}X_i^2} \doteq \frac{\sum\limits_{i=1}^{3}X_i^2\Big/3}{\sum\limits_{i=4}^{n}X_i^2\Big/(n-3)} \sim F(3,n-3).$$

例 6.5　若 $T \sim t(n)$，问 T^2 服从什么分布？

解　因为 $T \sim t(n)$，可以认为 $T = \dfrac{U}{\sqrt{\dfrac{V}{n}}}$，其中 $U \sim N(0,1)$，$V \sim \chi^2(n)$，从而

$$U^2 \sim \chi^2(1),\quad T^2 = \frac{U^2}{\dfrac{1}{V}n} \sim F(1,n).$$

例 6.6　设总体 $X \sim N(\mu,4)$，$(X_1,X_2,\cdots,X_n)$ 为简单随机样本，样本均值为 $\bar{X}$. 试问：样本容量 n 应取多大才能使：(1) $E\big[\,|\bar{X}-\mu|^2\,\big] \leqslant 0.1$，(2) $P(\,|\bar{X}-\mu| \leqslant 0.1) \geqslant 0.95$？

解　(1)欲使 $E\big[\,|\bar{X}-\mu|^2\,\big] = \text{Var}[\bar{X}] = \dfrac{\text{Var}[X]}{n} = \dfrac{4}{n} \leqslant 0.1$，必须 $n \geqslant 40$，因此取 $n=40$.

(2)根据正态总体的抽样分布定理 $\bar{X} \sim N\left(\mu,\dfrac{4}{n}\right)$，于是 $\dfrac{\bar{X}-\mu}{\dfrac{2}{\sqrt{n}}} \sim N(0,1)$，所以欲使

$$P(\,|\bar{X}-\mu| \leqslant 0.1) = P\left(\left|\frac{\bar{X}-\mu}{\dfrac{2}{\sqrt{n}}}\right| \leqslant \frac{0.1}{2}\cdot\sqrt{n}\right) = 2\Phi(0.05\sqrt{n}) - 1 \geqslant 0.95,$$

必须 $\Phi(0.05\sqrt{n}) \geqslant 0.975$，$0.05\sqrt{n} \geqslant 1.96$，$n \geqslant 1536.64$，因此取 $n=1537$.

例 6.7　设总体 $X \sim N(0,1)$，(X_1,X_2) 为简单随机样本. 试求常数 k，使

$$P\left(\frac{(X_1+X_2)^2}{X_1^2+X_2^2} > k\right) = 0.10.$$

解　本题应想到用统计分布中的 F 分布来求解，但是要注意到分子分母并不是独立的，所以不能直接判断自由度（很容易错误地认为和 $F(1,2)$ 分布有关）. 正确解法如下：

首先整理为如下形式：

$$P\left(\frac{(X_1+X_2)^2}{X_1^2+X_2^2} > k\right) = P\left(\frac{(X_1+X_2)^2}{(X_1+X_2)^2+(X_1-X_2)^2} > \frac{k}{2}\right) = 0.10,$$

经简单的不等式计算可知上式等价于

$$P\left(\frac{(X_1-X_2)^2}{(X_1+X_2)^2} < \frac{2}{k}-1\right) = 0.10.$$

我们断言 $X_1 - X_2$ 与 $X_1 + X_2$ 相互独立. 事实上,它们都服从正态分布 $N(0,2)$,对正态分布来说,独立与不相关是等价的,所以由下式可以看出它们是相互独立的,

$$E[(X_1 - X_2)(X_1 + X_2)] = E[X_1^2 - X_2^2] = 0.$$

所以

$$\frac{(X_1 - X_2)^2}{(X_1 + X_2)^2} = \frac{\left[\dfrac{(X_1 - X_2)}{\sqrt{2}}\right]^2}{\left[\dfrac{(X_1 + X_2)}{\sqrt{2}}\right]^2} \sim F(1,1).$$

概率 0.10 不能直接查 F 分布表得到分位数,为此须做等式变形,

$$P\left(\frac{(X_1 - X_2)^2}{(X_1 + X_2)^2} < \frac{2}{k} - 1\right) = 0.10 \Leftrightarrow P\left(\frac{(X_1 + X_2)^2}{(X_1 - X_2)^2} > \frac{k}{2 - k}\right) = 0.10$$

$$\Leftrightarrow P\left(\frac{(X_1 + X_2)^2}{(X_1 - X_2)^2} < \frac{k}{2 - k}\right) = 0.90,$$

又 $\dfrac{(X_1 + X_2)^2}{(X_1 - X_2)^2} \sim F(1,1)$,查表有 $\dfrac{k}{2 - k} = f_{0.90}(1,1) = 39.9$,解之即得 $k = 1.9511$.

例 6.8 设总体 X 的分布函数为 F_X,分布密度函数为 f_X,$(X_1, X_2, \cdots, X_n)$ 为其简单随机样本,顺序统计量为 $X_{(1)}, X_{(2)}, \cdots, X_{(n)}$. 试证明:$X_{(k)}$ 的密度函数为

$$f_{X_{(k)}}(x) = \frac{n!}{(n - k)!(k - 1)!}[F_X(x)]^{k-1}[1 - F_X(x)]^{n-k}f_X(x).$$

证明 首先由密度函数定义,$X_{(k)}$ 落在 $[x, x + \Delta x]$ 这个区间的概率近似为 $f_{X_{(k)}}(x)\Delta x$,另一方面,$X_{(1)} \leqslant \cdots \leqslant X_{(k)} \leqslant \cdots \leqslant X_{(n)}$,$\Delta x$ 足够小,$X_{(k)}$ 落在 $[x, x + \Delta x]$ 这个区间可以等价地认为样本 $(X_1, X_2, \cdots, X_n)$ 中有一个个体落在 $[x, x + \Delta x]$,有 $k - 1$ 个比 x 小,剩余 $n - k$ 个比 $x + \Delta x$ 大,而这个事件的概率为

$$\binom{n}{1}\binom{n - 1}{k - 1}[F_X(x)]^{k-1}[1 - F_X(x + \Delta x)]^{n-k} \cdot f_X(x)\Delta x,$$

比较两种概率表达形式,并让 Δx 趋于 0,得

$$f_{X_{(k)}}(x) = \binom{n}{1}\binom{n - 1}{k - 1}[F_X(x)]^{k-1}[1 - F_X(x)]^{n-k} \cdot f_X(x),$$

简单计算组合数即得结论.

例 6.9 设 $X \sim \chi^2(n)$,证明:$E[X] = n$,$\mathrm{Var}[X] = 2n$.

证明 设 $X = \sum_{i=1}^{n} X_i^2$,$(X_1, X_2, \cdots, X_n)$ 为来自标准正态分布总体的简单随机样本,从而有 $E[X_i] = 0$,$\mathrm{Var}[X_i] = 1$,$\forall i$,所以

$$E[X] = E\left[\sum_{i=1}^{n} X_i^2\right] = \sum_{i=1}^{n} E[X_i^2] = \sum_{i=1}^{n}\{\mathrm{Var}[X_i] + (E[X_i])^2\} = \sum_{i=1}^{n}\mathrm{Var}[X_i] = n.$$

为计算 $\mathrm{Var}[X]$,需要利用如下事实(该事实可用分部积分和归纳法证明):

若 $Y \sim N(0, \sigma^2)$,则

$$E[Y^k] = \int_{-\infty}^{+\infty} \frac{x^k}{\sqrt{2\pi}\sigma}e^{-\frac{x^2}{2\sigma^2}}dx = \begin{cases} 0 & k \text{ 为奇数} \\ \sigma^k(k - 1) \cdot (k - 3) \cdot \cdots \cdot 3 \cdot 1 & k \text{ 为偶数} \end{cases}$$

于是

$$\mathrm{Var}[X] = \mathrm{Var}\left[\sum_{i=1}^{n} X_i^2\right] = \sum_{i=1}^{n} \mathrm{Var}[X_i^2] = \sum_{i=1}^{n} \{E[X_i^4] - (E[X_i^2])^2\} = \sum_{i=1}^{n}(3-1) = 2n.$$

六、习 题 详 解

6.1　设 $X_1, X_2, \cdots, X_n$ 是来自总体 $X \sim N(\mu, \sigma^2)$ 的样本,并设

$$T_1 = \frac{1}{n}\sum_{i=1}^{n} X_i, \quad T_2 = T_1 - \mu, \quad T_3 = \frac{\sum_{i=1}^{n}(X_i - \mu)^2}{\sigma^2}, \quad T_4 = \frac{\sum_{i=1}^{n}(X_i - T_1)^2}{\sigma^2}.$$

试在下列情形下指出哪些随机变量是统计量:

(1)在 σ^2 已知,μ 未知的情形下.(2)在 μ 和 σ^2 都未知的情形下.

解　直接根据统计量定义可知:(1) T_1, T_4 是统计量;(2) T_1 是统计量.

6.2　设 $X_1, X_2, \cdots, X_5$ 是来自总体 $X \sim N(0, 4)$ 的一个样本,且

$$Y = aX_1^2 + b(2X_2 + 3X_3)^2 + c(4X_4 - X_5)^2.$$

问:非零常数 a, b, c 取何值时,随机变量 Y 服从 χ^2 分布?

解　首先根据正态分布的性质可得

$$2X_2 + 3X_3 \sim N(0, 52), \quad 4X_4 - X_5 \sim N(0, 68),$$

所以 $X_1, 2X_2 + 3X_3, 4X_4 - X_5$ 是相互独立的正态分布. 要使得 Y 服从 χ^2 分布,需使得式中每一项恰好是标准正态分布的平方,故

$$a = \frac{1}{4}, \quad b = \frac{1}{52}, \quad c = \frac{1}{68}.$$

6.3　设 $(X_1, X_2, \cdots, X_8)$ 是来自总体 $X \sim N(0, 1)$ 的简体随机样本. 求常数 c,使得

$$\frac{c(X_1^2 + X_2^2)}{(X_3 + X_4 + X_5)^2 + (X_6 + X_7 + X_8)^2}$$ 服从 F 分布,并指出其自由度.

解　首先根据正态分布的性质可得

$$X_3 + X_4 + X_5 \sim N(0, 3), \quad X_6 + X_7 + X_8 \sim N(0, 3),$$

所以

$$\left(\frac{X_3 + X_4 + X_5}{\sqrt{3}}\right)^2 + \left(\frac{X_6 + X_7 + X_8}{\sqrt{3}}\right)^2 \sim \chi^2(2),$$

另外,$X_1^2 + X_2^2 \sim \chi^2(2)$,且与 $X_3, X_4, \cdots, X_8$ 独立,由 F 分布定义可得 $c = 3$. 此时题中所设统计量服从 $F(2, 2)$ 分布.

6.4　设 $(X_1, X_2, \cdots, X_9)$ 是来自总体 $X \sim N(0, 1)$ 的简单随机样本. 试确定正数 c,

使得 $\dfrac{c(X_1 + X_2 + X_3)}{\sqrt{(X_4 + X_5)^2 + (X_6 + X_7)^2 + (X_8 + X_9)^2}}$ 服从 t 分布,并指出其自由度.

解　由正态分布的性质可得

$$X_1 + X_2 + X_3 \sim N(0, 3), \quad X_4 + X_5 \sim N(0, 2), \quad X_6 + X_7 \sim N(0, 2), \quad X_8 + X_9 \sim N(0, 2),$$

且它们相互独立. 所以

$$\frac{1}{\sqrt{3}}(X_1 + X_2 + X_3) \sim N(0, 1), \quad \left[\frac{X_4 + X_5}{\sqrt{2}}\right]^2 + \left[\frac{X_6 + X_7}{\sqrt{2}}\right]^2 + \left[\frac{X_8 + X_9}{\sqrt{2}}\right]^2 \sim \chi^2(3),$$

由 t 分布定义,当 $c = \sqrt{2}$ 时,

$$\frac{c(X_1 + X_2 + X_3)}{\sqrt{(X_4 + X_5)^2 + (X_6 + X_7)^2 + (X_8 + X_9)^2}}$$

$$= \frac{\frac{1}{\sqrt{3}}(X_1 + X_2 + X_3)}{\sqrt{\left[\left(\frac{X_4 + X_5}{\sqrt{2}}\right)^2 + \left(\frac{X_6 + X_7}{\sqrt{2}}\right)^2 + \left(\frac{X_8 + X_9}{\sqrt{2}}\right)^2\right]/3}} \sim t(3) .$$

6.5 设 $X_1, X_2, \cdots, X_{10}$ 是来自总体 $X \sim N(\mu, \sigma^2)$ 的一个样本,记

$$\bar{X} = \frac{1}{9}\sum_{i=1}^{9}X_i, \quad S_9^{*2} = \frac{1}{8}\sum_{i=1}^{9}(X_i - \bar{X})^2, \quad T = \frac{3(X_{10} - \bar{X})}{S_9^*\sqrt{10}},$$

确定 T 服从什么分布,并说明缘由.

解 由推论 1 知

$$\bar{X} = \frac{1}{9}\sum_{i=1}^{9}X_i \sim N\left(\mu, \frac{\sigma^2}{9}\right),$$

从而

$$X_{10} - \bar{X} \sim N\left(0, \frac{10}{9}\sigma^2\right), \quad \frac{X_{10} - \bar{X}}{\frac{\sqrt{10}}{3}\sigma} \sim N(0,1) .$$

因为 $\dfrac{8S_9^{*2}}{\sigma^2} \sim \chi^2(8)$,所以 $T = \dfrac{3(X_{10} - \bar{X})}{S_9^{*2}\sqrt{10}} = \dfrac{\dfrac{X_{10} - \bar{X}}{\dfrac{\sqrt{10}}{3}\sigma}}{\sqrt{\dfrac{8S_9^{*2}}{\dfrac{\sigma^2}{8}}}}$ 服从 $t(8)$ 分布.

6.6 设 $(X_1, X_2, \cdots, X_{20})$ 是来自总体 $X \sim N(0,1)$ 的一个样本,记

$$Y = \frac{1}{10}\left(\sum_{i=1}^{10}X_i\right)^2 + \frac{1}{10}\left(\sum_{i=11}^{20}X_i\right)^2,$$

试确定 Y 所服从的分布.

解 由正态分布的性质可得

$$\sum_{i=1}^{10}X_i \sim N(0,10), \quad \sum_{i=11}^{20}X_i \sim N(0,10),$$

从而

$$\frac{1}{\sqrt{10}}\sum_{i=1}^{10}X_i \sim N(0,1), \quad \frac{1}{\sqrt{10}}\sum_{i=11}^{20}X_i \sim N(0,1),$$

且这两个标准正态分布的随机变量相互独立. 所以

$$Y = \left(\frac{1}{\sqrt{10}}\sum_{i=1}^{10}X_i\right)^2 + \left(\frac{1}{\sqrt{10}}\sum_{i=11}^{20}X_i\right)^2 \sim \chi^2(2) .$$

6.7 设总体 $X \sim N(0, \sigma^2)$,从 X 中抽得样本 $(X_1, X_2, \cdots, X_{14})$,记

$$Y_1 = \frac{1}{5}\sum_{i=1}^{5}X_i, \quad Y_2 = \frac{1}{5}\sum_{i=10}^{14}X_i, \quad Z_1 = \sum_{i=1}^{5}(X_i - Y_1)^2,$$

$$Z_2 = \sum_{i=10}^{14}(X_i - Y_2)^2, \quad Z_3 = \sum_{i=6}^{9}X_i^2, \quad T = \frac{Z_1 + Z_2}{2Z_3}.$$

确定 T 服从什么分布,并说明缘由.

解 由题意知

$$\frac{Z_3}{\sigma^2} = \sum_{i=6}^{9}\left(\frac{X_i}{\sigma}\right)^2 \sim \chi^2(4),$$

另外由推论 1 知

$$\frac{Z_1}{\sigma^2} \sim \chi^2(4), \quad \frac{Z_2}{\sigma^2} \sim \chi^2(4),$$

所以

$$T = \frac{Z_1 + Z_2}{2Z_3} = \frac{\dfrac{\dfrac{Z_1}{\sigma^2} + \dfrac{Z_2}{\sigma^2}}{8}}{\dfrac{\dfrac{Z_3}{\sigma^2}}{4}}$$

服从 $F(8,4)$ 分布.

6.8 设总体 $X \sim \text{Exp}(\lambda)$,从 X 中抽取样本 (X_1, X_2),记

$$Y_1 = \min\{X_1, X_2\}, \quad Y_2 = \max\{X_1, X_2\}.$$

求:(1) Y_1, Y_2 的密度函数;(2) $E[Y_1], E[Y_2]$.

解 (1)根据顺序统计量的分布密度公式可得

$$f_{Y_1}(x) = 2[1 - F_X(x)]f_X(x) = \begin{cases} 2\lambda e^{-2\lambda x} & x > 0 \\ 0 & x \leqslant 0 \end{cases},$$

$$f_{Y_2}(x) = 2F_X(x)f_X(x) = \begin{cases} 2\lambda(1 - e^{-\lambda x})e^{-\lambda x} & x > 0 \\ 0 & x \leqslant 0 \end{cases}.$$

(2)由(1)的结果可计算期望.

$$E[Y_1] = \int_0^{\infty} x \cdot 2\lambda e^{-2\lambda x}\,dx = \frac{1}{2\lambda},$$

$$E[Y_2] = \int_0^{\infty} x \cdot 2\lambda(1 - e^{-\lambda x})e^{-\lambda x}\,dx = \frac{2}{\lambda} - \frac{1}{2\lambda} = \frac{3}{3\lambda}.$$

6.9 设总体 X 的密度函数为

$$f(x) = \begin{cases} 2x & 0 < x < 1 \\ 0 & \text{其他} \end{cases},$$

(X_1, X_2, X_3) 是来自 X 的简单随机样本,求:(1) $X_{(3)}$ 的密度函数;(2) $\text{Var}[X_{(3)}]$.

解 (1)由题意知

$$F_X(x) = \begin{cases} 1 & x \geqslant 1 \\ x^2 & 0 \leqslant x < 1 \\ 0 & x < 0 \end{cases},$$

从而

$$
\begin{aligned}
F_{X_{(3)}}(x) &= P(X_{(3)} \leqslant x) \\
&= P(\max\{X_1, X_2, X_3\} \leqslant x) \\
&= P(X_1 \leqslant x, X_2 \leqslant x, X_3 \leqslant x) \\
&= P(X_1 \leqslant x) \cdot P(X_2 \leqslant x) \cdot P(X_3 \leqslant x) \\
&= (P(X \leqslant x))^3 \\
&= (F_X(x))^3 \\
&= \begin{cases} 1 & x \geqslant 1 \\ x^6 & 0 \leqslant x < 1 \\ 0 & x < 0 \end{cases},
\end{aligned}
$$

所以

$$
f_{X_{(3)}}(x) = F'_{X_{(3)}}(x) = \begin{cases} 6x^5 & 0 < x < 1 \\ 0 & \text{其他} \end{cases}.
$$

（2）因

$$
E[X_{(3)}] = \int_0^1 x \cdot 6x^5 \mathrm{d}x = \frac{6}{7}, \quad E[X_{(3)}^2] = \int_0^1 x^2 \cdot 6x^5 \mathrm{d}x = \frac{3}{4},
$$

故 $\mathrm{Var}[X_{(3)}] = E[X_{(3)}^2] - (E[X_{(3)}])^2 = \frac{3}{4} - \frac{36}{49} = \frac{3}{196}$.

6.10 设总体 X 的概率函数为 $P(X = i) = \frac{1}{3}$，$i = 1, 2, 3$；(X_1, X_2, X_3) 为来自 X 的样本，求：(1) $E[X_{(1)}]$；(2) $\mathrm{Var}[X_{(3)}]$.

解 根据顺序统计量定义知，

$$
F(X_{(1)} = 1) = 1 - \frac{2}{3} \cdot \frac{2}{3} \cdot \frac{2}{3} = \frac{19}{27},
$$

$$
P(X_{(1)} = 2) = \frac{2}{3} \cdot \frac{2}{3} \cdot \frac{2}{3} - \frac{1}{3} \cdot \frac{1}{3} \cdot \frac{1}{3} = \frac{7}{27},
$$

$$
P(X_{(1)} = 3) = \frac{1}{3} \cdot \frac{1}{3} \cdot \frac{1}{3} = \frac{1}{27},
$$

$$
P(X_{(3)} = 1) = \frac{1}{3} \cdot \frac{1}{3} \cdot \frac{1}{3} = \frac{1}{27},
$$

$$
P(X_{(3)} = 2) = \frac{2}{3} \cdot \frac{2}{3} \cdot \frac{2}{3} - \frac{1}{3} \cdot \frac{1}{3} \cdot \frac{1}{3} = \frac{7}{27},
$$

$$
P(X_{(3)} = 3) = 1 - \frac{2}{3} \cdot \frac{2}{3} \cdot \frac{2}{3} = \frac{19}{27}.
$$

所以

$$
E[X_{(1)}] = 1 \cdot \frac{19}{27} + 2 \cdot \frac{7}{27} + 3 \cdot \frac{1}{27} = \frac{4}{3}, \quad E[X_{(3)}] = 3 \cdot \frac{19}{27} + 2 \cdot \frac{7}{27} + 1 \cdot \frac{1}{27} = \frac{8}{3},
$$

$$
\mathrm{Var}[X_{(3)}] = E[X_{(3)}^2] - (E[X_{(3)}])^2 = 1 \cdot \frac{1}{27} + 4 \cdot \frac{7}{27} + 9 \cdot \frac{19}{27} - \left(\frac{8}{3}\right)^2 = \frac{8}{27}.
$$

6.11 设 $\bar{X}_n$，S_n^2 分别为样本 $(X_1, X_2, \cdots, X_n)$ 的样本均值与方差，而 X_{n+1} 是第 $n+1$ 次观测量，试证：

(1) $\bar{X}_{n+1} = \dfrac{n}{n+1}\bar{X}_n + \dfrac{1}{n+1}X_{n+1}$.

(2) $S_{n+1}^2 = \dfrac{n}{n+1}\left[S_n^2 + \dfrac{1}{n+1}(X_{n+1} - \bar{X}_n)^2 \right]$.

证明 (1)直接由样本均值定义可得

$$\bar{X}_{n+1} = \frac{X_1 + X_2 + \cdots + X_{n+1}}{n+1} = \frac{X_1 + X_2 + \cdots + X_n}{n+1} + \frac{1}{n+1}X_{n+1}$$

$$= \frac{n}{n+1}\bar{X}_n + \frac{1}{n+1}X_{n+1}.$$

$$(2)\ S_{n+1}^2 = \frac{1}{n+1}\sum_{i=1}^{n+1}(X_i - \bar{X}_{n+1})^2 = \frac{1}{n+1}\sum_{i=1}^{n+1}\left(X_i - \frac{n}{n+1}\bar{X}_n - \frac{1}{n+1}X_{n+1} \right)^2$$

$$= \frac{1}{n+1}\sum_{i=1}^{n+1}\left(X_i - \bar{X}_n + \frac{1}{n+1}\bar{X}_n - \frac{1}{n+1}X_{n+1} \right)^2$$

$$= \frac{1}{n+1}\sum_{i=1}^{n+1}\left[(X_i - \bar{X}_n)^2 + \frac{2}{n+1}(X_i - \bar{X}_n)(\bar{X}_n - X_{n+1}) + \right.$$

$$\left. \frac{1}{(n+1)^2}(\bar{X}_n - X_{n+1})^2 \right]$$

$$= \frac{1}{n+1}\sum_{i=1}^{n+1}(X_i - \bar{X}_n)^2 + \frac{2}{(n+1)^2}(\bar{X}_n - X_{n+1})\sum_{i=1}^{n+1}(X_i - \bar{X}_n) +$$

$$\frac{1}{(n+1)^2}(\bar{X}_n - X_{n+1})^2$$

$$= \frac{1}{n+1}\left[nS_n^2 + (X_{n+1} - \bar{X}_n)^2 \right] + \frac{2}{(n+1)^2}(\bar{X}_n - X_{n+1})(X_{n+1} - \bar{X}_n) +$$

$$\frac{1}{(n+1)^2}(X_{n+1} - \bar{X}_n)^2$$

$$= \frac{1}{n+1}\left[nS_n^2 + (X_{n+1} - \bar{X}_n)^2 - \frac{2}{n+1}(X_{n+1} - \bar{X}_n)^2 + \right.$$

$$\left. \frac{1}{n+1}(X_{n+1} - \bar{X}_n)^2 \right]$$

$$= \frac{n}{n+1}\left[S_n^2 + \frac{1}{n+1}(X_{n+1} - \bar{X}_n)^2 \right].$$

6.12 设总体 $X \sim B(m,p)$，而$(X_1, X_2, \cdots, X_n)$是来自 X 的样本，(1)求 $E[\bar{X}]$，$\mathrm{Var}[\bar{X}]$. (2)求 $E[S_n^2]$.

解 (1)由题意知

$$E[X_i] = mp, \quad \mathrm{Var}[X_i] = mp(1-p), \quad i = 1, 2, \cdots, n.$$

故

$$E[\bar{X}] = E[X_i] = mp, \quad \mathrm{Var}[\bar{X}] = \frac{1}{n}\mathrm{Var}[X_i] = \frac{m}{n}p(1-p).$$

$$(2)\, E\big[S_n^2\big] = E\Big[\frac{1}{n}\sum_{i=1}^{n}(X_i - \bar{X})^2\Big] = E\Big[\frac{1}{n}\sum_{i=1}^{n}X_i^2 - \bar{X}^2\Big]$$

$$= E\big[X_i^2\big] - E\big[\bar{X}^2\big]$$

$$= (\mathrm{Var}\big[X_i\big] + (E\big[X_i\big])^2) - (\mathrm{Var}\big[\bar{X}\big] + E\big[\bar{X}\big]^2)$$

$$= \big[mp(1-p) + m^2p^2\big] - \Big(\frac{m}{n}p(1-p) + m^2p^2\Big)$$

$$= \frac{m(n-1)p(1-p)}{n}.$$

6.13　设 $(X_1, X_2, \cdots, X_n)$ 是来自 0—1 分布 $B(1, p)$ 的简单随机样本，$\bar{X}$、S_n^2 分别为样本均值与样本方差.

(1)求 $E\big[\bar{X}\big], \mathrm{Var}\big[\bar{X}\big]$；(2)求 $E\big[S_n^2\big]$；(3)证明：$S_n^2 = \bar{X}(1-\bar{X})$.

解　(1)因为 $\bar{X} = \dfrac{X_1 + X_2 + \cdots + X_n}{n}$，所以

$$E\big[\bar{X}\big] = E\big[X_1\big] = p, \quad \mathrm{Var}\big[\bar{X}\big] = \frac{1}{n}\mathrm{Var}\big[X_1\big] = \frac{p(1-p)}{n}.$$

(2) 因为 $S_n^2 = \dfrac{1}{n}\sum\limits_{i=1}^{n}(X_i - \bar{X})^2$，所以 $E\big[S_n^2\big] = \dfrac{n-1}{n}\mathrm{Var}\big[X\big] = \dfrac{(n-1)p(1-p)}{n}$

(3) 由于 $X \sim B(1, p)$，即 X 服从 0—1 分布，所以 $X^2 = X$，从而

$$S_n^2 = \frac{1}{n}\sum_{i=1}^{n}(X_i - \bar{X})^2 = \frac{1}{n}\sum_{i=1}^{n}(X_i^2 - 2X_i\bar{X} + \bar{X}^2)$$

$$= \frac{1}{n}\sum_{i=1}^{n}X_i^2 - 2\bar{X} \cdot \frac{1}{n}\sum_{i=1}^{n}X_i + \bar{X}^2$$

$$= \frac{1}{n}\sum_{i=1}^{n}X_i^2 - \bar{X}^2 = \frac{1}{n}\sum_{i=1}^{n}X_i - \bar{X}^2 = \bar{X}(1-\bar{X}).$$

6.14　设总体 $X \sim N(\mu, \sigma^2)$，$(X_1, X_2, \cdots, X_n)$ 为来自 X 的样本，$\bar{X}, S_n^2$ 分别为样本均值与方差. 求：$(1) E\big[\bar{X}^2\big]$ 之值；$(2) E\big[\bar{X}^2 S_n^2\big]$ 之值.

解　(1)根据期望性质，

$$E\big[\bar{X}^2\big] = E\Big[\Big(\frac{X_1 + X_2 + \cdots + X_n}{n}\Big)^2\Big] = \frac{1}{n}E\big[X_i^2\big] + \frac{n-1}{n}E\big[X_1X_2\big]$$

$$= \frac{1}{n}(\mathrm{Var}\big[X_1\big] + (E\big[X_1\big])^2) + \frac{n-1}{n}E\big[X_1\big]E\big[X_2\big]$$

$$= \frac{1}{n}(\mu^2 + \sigma^2) + \frac{n-1}{n}\mu^2 = \mu^2 + \frac{1}{n}\sigma^2.$$

(2)因为 $\bar{X}$ 和 S_n^2 相互独立，所以

$$E\big[\bar{X}^2 S_n^2\big] = E\big[\bar{X}^2\big]E\big[S_n^2\big] = \Big(\mu^2 + \frac{1}{n}\sigma^2\Big)\frac{n-1}{n}\sigma^2 = \frac{n-1}{n}\Big(\mu^2\sigma^2 + \frac{\sigma^4}{n}\Big).$$

6.15　请查表给出下列分位数：

(1) $u_{0.05}$；　(2) $t_{0.975}(8)$；　(3) $t_{0.05}(9)$；　(4) $\chi^2_{0.975}(5)$；　(5) $F_{0.025}(6,5)$.

解　(1) $u_{0.05} = -1.645$.　(2) $t_{0.975}(8) = 2.3060$.

(3) $t_{0.05}(9) = -1.8331$.　(4) $\chi^2_{0.975}(5) = 12.833$.

(5) $F_{0.025}(6,5) = 0.1669$.

6.16　设 $(X_1, X_2, \cdots, X_{11})$ 为来自 $X \sim N(-1,4)$ 的样本，$\overline{X} = \dfrac{1}{10} \sum\limits_{i=1}^{10} X_i$. 求：

(1) $P(X_{10} - \overline{X} < 0.5)$ 之值；(2) $P(X_{11} - \overline{X} < 0.5)$ 之值.

解　(1)因为

$$X_{10} - \overline{X} = \frac{9}{10} X_{10} - \frac{1}{10} \sum_{i=1}^{9} X_i,$$

所以

$$X_{10} - \overline{X} \sim N\left(0, \frac{18}{5}\right),$$

于是有

$$P(X_{10} - \overline{X} < 0.5) = P\left(\frac{X_{10} - \overline{X}}{\sqrt{\frac{18}{5}}} < \frac{0.5}{\sqrt{\frac{18}{5}}}\right) = \Phi(0.26) = 0.6026.$$

(2)由题意知

$$X_{11} - \overline{X} \sim N\left(0, \frac{22}{5}\right),$$

所以

$$P(X_{11} - \overline{X} < 0.5) = P\left(\frac{X_{11} - \overline{X}}{\sqrt{\frac{22}{5}}} < \frac{0.5}{\sqrt{\frac{22}{5}}}\right) = \Phi(0.24) = 0.5948.$$

6.17　设总体 $X \sim N(\mu, \sigma^2)$，$(X_1, X_2, \cdots, X_8)$ 为来自 X 的样本，

$$S_8^{*2} = \frac{1}{7} \sum_{i=1}^{8} (X_i - \overline{X})^2,$$

求 $P(\sqrt{8}(\overline{X} - \mu) < -1.9 S_8^*)$ 之值.

解　根据推论 2 知 $\dfrac{(\overline{X} - \mu)}{S_8^*} \sqrt{8} \sim t(7)$，所以由 $t_{0.95}(7) = 1.9$ 有

$$P(\sqrt{8}(\overline{X} - \mu) < -1.9 S_8^*) = P\left(\frac{\sqrt{8}(\overline{X} - \mu)}{S_8^*} < -1.9\right)$$

$$= 1 - P\left(\frac{\sqrt{8}(\overline{X} - \mu)}{S_8^*} < 1.9\right) = 1 - 0.95 = 0.05.$$

6.18　设 $(X_1, X_2, \cdots, X_9)$ 为来自 $X \sim N(2,4)$ 的样本，设 $(Y_1, Y_2, \cdots, Y_{17})$ 为来自

$Y \sim N(3,9)$ 的样本，且两样本独立，令 $F = \dfrac{\displaystyle\sum_{i=1}^{9}(X_i - 2)^2}{\displaystyle\sum_{i=1}^{17}(Y_i - \overline{Y})^2}$，求 $P(0.0836 < F < 0.9450)$

之值.

解 因为 $\dfrac{1}{4}\sum\limits_{i=1}^{9}(X_i-2)^2\sim\chi^2(9)$, $\dfrac{1}{9}\sum\limits_{i=1}^{17}(Y_i-\bar{Y})^2\sim\chi^2(16)$,所以

$$F_1=\cfrac{\dfrac{1}{4}\sum\limits_{i=1}^{9}(X_i-2)^2\Big/9}{\dfrac{1}{9}\sum\limits_{i=1}^{17}(Y_i-\bar{Y})^2\Big/16}\sim F(9,16),$$

从而 $4F=F_1\sim F(9,16)$, $\dfrac{1}{F_1}\sim F(16,9)$,于是

$$\begin{aligned}
P(0.083\,6<F<0.945\,0)&=P(0.083\,6\times4<F_1<0.945\,0\times4)\\
&=P(0.334\,4<F_1<3.78)\\
&=P(F_1<3.78)-P(F_1\leqslant0.334\,4)\\
&=0.99-P\Big(\dfrac{1}{F_1}\geqslant2.99\Big)\\
&=0.99-(1-0.95)=0.94.
\end{aligned}$$

6.19 设 $(X_1,X_2,\cdots,X_{10})$ 为来自 $X\sim N(-1,9)$ 的样本,求:

(1) $P\Big(\sum\limits_{i=1}^{10}(X_i+1)^2\geqslant112.941\Big)$; (2) $P\Big(\sum\limits_{i=1}^{10}(X_i-\bar{X})^2\geqslant53.091\Big)$.

解 因为 $\dfrac{1}{9}\sum\limits_{i=1}^{10}(X_i+1)^2\sim\chi^2(10)$, $\dfrac{1}{9}\sum\limits_{i=1}^{10}(X_i-\bar{X})^2\sim\chi^2(9)$,所以

$$P\Big(\sum\limits_{i=1}^{10}(X_i+1)^2\geqslant112.941\Big)=P\Big(\dfrac{1}{9}\sum\limits_{i=1}^{10}(X_i+1)^2\geqslant12.549\Big)=1-0.75=0.25,$$

$$P\Big(\sum\limits_{i=1}^{10}(X_i-\bar{X})^2\geqslant53.091\Big)=P\Big(\dfrac{1}{9}\sum\limits_{i=1}^{10}(X_i-\bar{X})^2\geqslant5.899\Big)=1-0.25=0.75.$$

第七章 参数估计

一、基 本 内 容

参数的矩法估计,最大似然估计,无偏估计,渐近无偏估计,一致最小方差无偏估计的概念,相合估计以及置信区间.

二、基 本 要 求

(1)理解参数的估计量与估计值的概念,掌握参数点估计中的两种重要方法:矩法估计和最大似然估计;理解估计量的评选标准:无偏性,有效性(无偏估计的最小方差性)和相合性,并会验证估计是否具有无偏性、有效性和相合性.

(2)理解置信区间的定义,掌握建立未知参数区间估计的一般方法.

(3)掌握单个正态总体均值、方差、标准差的置信区间的求法,掌握求两个正态总体均值差、方差比和标准差比的置信区间的方法.

三、基本知识提要

(一)参数的点估计

点估计是用统计量的观测值估计未知参数的值;用于估计的统计量称为估计量,估计量是随机变量,它所取的具体值称为估计值. 我们用统计量 $\hat{\theta}_n = g(X_1, X_2, \cdots, X_n)$ (有时简记为 $\hat{\theta}$)做未知参数 θ 的估计量,其中 $g(X_1, X_2, \cdots, X_n)$ 是样本 $(X_1, X_2, \cdots, X_n)$ 的已知函数. 最常用的两种求估计量的方法是矩法估计法(也称矩法估计)和最大似然估计法.

1. 矩法估计

设 $(X_1, X_2, \cdots, X_n)$ 是来自总体 X 的样本,以 α_k 记总体的 k 阶原点矩,则 $\alpha_k = E[X^k]$,以 $\overline{X^k}$ 记由 $(X_1, X_2, \cdots, X_n)$ 得到的 k 阶样本原点矩,即 $\overline{X^k} = \dfrac{1}{n} \sum_{i=1}^{n} X_i^k$. 所谓矩法估计就是用 $\overline{X^k}$ 作为 α_k 的估计.

如果某参数 $q(\theta)$ 可以表示为总体前 r 阶矩的连续函数,即 $q(\theta) = g(\alpha_1, \alpha_2, \cdots, \alpha_r)$,则我们用 $\hat{q}(\theta) = q(\overline{X}, \overline{X^2}, \cdots, \overline{X^r})$ 作为 $q(\theta)$ 的估计,并称 $\hat{q}(\theta)$ 为 $q(\theta)$ 的矩估计.

2. 最大似然估计法

设总体的密度函数或概率分布是 $f(x;\theta)$，其中 θ 是一维参数或 $\theta = (\theta_1, \theta_2, \cdots, \theta_r)$ 是 r 维参数，则样本 $(X_1, X_2, \cdots, X_n)$ 的联合密度函数或概率分布是

$$L(x_1, x_2, \cdots, x_n; \theta) = \prod_{i=1}^{n} f(x_i, \theta).$$

当 $(X_1, X_2, \cdots, X_n)$ 取定值 $(x_1, x_2, \cdots, x_n)$ 时，$L(x_1, x_2, \cdots, x_n; \theta)$ 是 θ 的函数，这个函数称为样本的似然函数. 若 $\hat{\theta}$ 满足

$$L(x_1, x_2, \cdots, x_n; \hat{\theta}) = \sup_{\theta \in \Theta} L(x_1, x_2, \cdots, x_n; \theta),$$

则称 $\hat{\theta}$ 是 θ 的最大似然估计.

由于 $\ln x$ 是 x 的严格增函数，故 $L(x_1, x_2, \cdots, x_n; \theta)$ 的最大值点 $\hat{\theta}$ 也是 $\ln L$ 的最大值点. 怎样求得最大似然估计 $\hat{\theta}$ 呢？当 θ 的取值范围 Θ 是开集而且 $\ln L$ 关于 θ 的偏导数（导数）存在时，从微积分知识知，最大似然估计 $\hat{\theta}$ 应满足方程组：

$$\frac{\partial \ln L}{\partial \theta_1} = 0, \frac{\partial \ln L}{\partial \theta_2} = 0, \cdots, \frac{\partial \ln L}{\partial \theta_r} = 0.$$

这称为似然方程组. 从这个方程组求出根后，再判别是不是似然函数的最大值点. 要注意：当似然函数 L 不存在偏导数时，需要直接研究 L，寻找最大值点.

(二) 评选估计量的标准

同一个未知参数 θ 一般有多个可供选择的估计量. 评选估计量的标准，是对于估计量优良性的要求.

1. 无偏性

如果 $\hat{\theta}_n = g(X_1, X_2, \cdots, X_n)$（有时简记为 $\hat{\theta}$）为未知参数 θ 的估计量，若 $E[\hat{\theta}_n] = \theta$，则称估计量 $\hat{\theta}_n$ 为 θ 的无偏估计量；若 $\lim_{n \to \infty} E[\hat{\theta}_n] = \theta$，则称估计量 $\hat{\theta}_n$ 为 θ 的渐近无偏估计量.

2. 有效性

假设 $\hat{\theta}_1$ 和 $\hat{\theta}_2$ 都是 θ 的无偏估计量，若 $\text{Var}[\hat{\theta}_1] \leqslant \text{Var}[\hat{\theta}_2]$，则称估计量 $\hat{\theta}_1$ 比 $\hat{\theta}_2$ 更有效.

3. 相合性

如果对于任意给定的 $\varepsilon > 0$，有 $\lim_{n \to \infty} P(|\hat{\theta}_n - \theta| \geqslant \varepsilon) = 0$，那么称估计量 $\hat{\theta}_n = g(X_1, X_2, \cdots, X_n)$ 为未知参数 θ 的相合估计量.

(三) 参数的区间估计

1. 置信区间

设 θ 是总体分布中所含的未知参数，$(X_1, X_2, \cdots, X_n)$ 是来自总体的样本，$\hat{\theta}_1, \hat{\theta}_2$ 是两个统计量，满足

$$P(\hat{\theta}_1 \leqslant \theta \leqslant \hat{\theta}_2) = 1 - \alpha,$$

则称随机区间 $[\hat{\theta}_1, \hat{\theta}_2]$ 为参数 θ 的置信度或置信水平为 $1-\alpha$ 的区间估计或置信区间，简称为 θ 的水平为 $1-\alpha$ 的置信区间.

2. 单侧置信限

设 θ 是总体分布中所含的未知参数，$(X_1, X_2, \cdots, X_n)$ 是来自总体的样本，$\hat{\theta}_1, \hat{\theta}_2$ 是两个统计量，满足

$$P(\theta \geqslant \hat{\theta}_1) = 1 - \alpha (\text{或} P(\theta \leqslant \hat{\theta}_2) = 1 - \alpha),$$

则称 $\hat{\theta}_1, \hat{\theta}_2$ 分别为参数 θ 的置信度为 $1-\alpha$ 的置信下限和置信上限.

(四) 正态总体参数的区间估计

1. 单个正态总体参数的区间估计

假设总体 $X \sim N(\mu, \sigma^2)$，$(X_1, X_2, \cdots, X_n)$ 是来自总体 X 的简单随机样本；$\bar{X}$ 是样本均值，S_n^{*2} 是修正样本方差. 表 7.1 所示为 μ 和 σ^2 的置信度为 $1-\alpha$ 的置信区间.

表 7.1 μ 和 σ^2 的置信度为 $1-\alpha$ 的置信区间

待估参数		置信区间
μ	$\sigma^2 = \sigma_0^2$ 已知	$\left[\bar{X} - u_{1-\frac{\alpha}{2}} \dfrac{\sigma_0}{\sqrt{n}}, \bar{X} + u_{1-\frac{\alpha}{2}} \dfrac{\sigma_0}{\sqrt{n}} \right]$
	σ^2 未知	$\left[\bar{X} - t_{1-\frac{\alpha}{2}}(n-1) \dfrac{S_n^*}{\sqrt{n}}, \bar{X} + t_{1-\frac{\alpha}{2}}(n-1) \dfrac{S_n^*}{\sqrt{n}} \right]$
σ^2	$\mu = \mu_0$ 已知	$\left[\dfrac{\sum\limits_{i=1}^{n}(X_i - \mu_0)^2}{\chi_{1-\frac{\alpha}{2}}^2(n)}, \dfrac{\sum\limits_{i=1}^{n}(X_i - \mu_0)^2}{\chi_{\frac{\alpha}{2}}^2(n)} \right]$
	μ 未知	$\left[\dfrac{(n-1)S_n^{*2}}{\chi_{1-\frac{\alpha}{2}}^2(n-1)}, \dfrac{(n-1)S_n^{*2}}{\chi_{\frac{\alpha}{2}}^2(n-1)} \right]$

2. 两个正态总体参数的区间估计

假设 $X \sim N(\mu_1, \sigma_1^2)$，$Y \sim N(\mu_2, \sigma_2^2)$，$(X_1, X_2, \cdots, X_m)$ 和 $(Y_1, Y_2, \cdots, Y_n)$ 分别是来自总体 X 和 Y 的简单随机样本，$\bar{X}, S_{1m}^{*2}, \bar{Y}, S_{2n}^{*2}$ 是相应的样本均值和修正样本方差，$\mu_1 - \mu_2$ 和 $\dfrac{\sigma_1^2}{\sigma_2^2}$ 的置信度为 $1-\alpha$ 的置信区间，如表 7.2 所示.

7.2 均值差 $\mu_1 - \mu_2$ 和方差比 $\frac{\sigma_1^2}{\sigma_2^2}$ 的置信度为 $1-\alpha$ 的置信区间

待 估 参 数		置 信 区 间
$\mu_1 - \mu_2$	σ_1^2, σ_2^2 已知	$\left[\overline{X} - \overline{Y} - u_{1-\frac{\alpha}{2}} \sqrt{\frac{\sigma_1^2}{m} + \frac{\sigma_2^2}{n}}, \ \overline{X} - \overline{Y} + u_{1-\frac{\alpha}{2}} \sqrt{\frac{\sigma_1^2}{m} + \frac{\sigma_2^2}{n}} \right]$
	σ_1^2, σ_2^2 未知 $\sigma_1^2 = \sigma_2^2$	$\left[\overline{X} - \overline{Y} - t_{1-\frac{\alpha}{2}}(m+n-2) S_w \sqrt{\frac{1}{m} + \frac{1}{n}}, \right.$ $\left. \overline{X} - \overline{Y} + t_{1-\frac{\alpha}{2}}(m+n-2) S_w \sqrt{\frac{1}{m} + \frac{1}{n}} \right]$
$\frac{\sigma_1^2}{\sigma_2^2}$	μ_1, μ_2 已知	$\left[\frac{1}{F_{1-\frac{\alpha}{2}}(m,n)} \frac{n \sum\limits_{i=1}^{m}(X_i-\mu_1)^2}{m \sum\limits_{j=1}^{m}(Y_j-\mu_2)^2}, \ \frac{1}{F_{\frac{\alpha}{2}}(m,n)} \frac{n \sum\limits_{i=1}^{m}(X_i-\mu_1)^2}{m \sum\limits_{j=1}^{m}(Y_j-\mu_2)^2} \right]$
	μ_1, μ_2 未知	$\left[\frac{1}{F_{1-\frac{\alpha}{2}}(m-1,n-1)} \frac{S_{1m}^{*2}}{S_{2n}^{*2}}, \ \frac{1}{F_{\frac{\alpha}{2}}(m-1,n-1)} \frac{S_{1m}^{*2}}{S_{2n}^{*2}} \right]$

其中 $S_w = \sqrt{\dfrac{(m-1)S_{1m}^{*2} + (n-1)S_{2n}^{*2}}{m+n-2}}$.

四、疑 难 分 析

1. 关于无偏估计的几点说明

(1)对于同一参数,可能存在几个无偏估计量.

(2)无偏估计在函数变换下,不一定具有无偏性.

(3)在有些情形下,参数的无偏估计不存在.

(4)有些情形,参数的无偏估计是一个不合理的估计. 例如,总体 X 服从参数为 λ 的泊松分布,$(X_1, X_2, \cdots, X_n)$ 为 X 的样本,则 $(-2)^{X_1}$ 是 $e^{-3\lambda}$ 的一个无偏估计. 因为 $e^{-3\lambda}$ 是正数,所以 $(-2)^{X_1}$ 不是合理的估计.

2. 关于区间估计的几点说明

区间估计问题在理论上和应用上与点估计问题都有所不同,最基本的一个区别是:对于区间估计 $[\hat{\theta}_1, \hat{\theta}_2]$,我们可以计算此区间恰好包含真参数的概率 $P(\hat{\theta}_1 \leqslant \theta \leqslant \hat{\theta}_2)$,用它来作为这个区间估计的可信程度(常称为置信度或置信水平)的度量. 在区间估计问题中存在着一对基本矛盾. 首先,如果将 $P(\hat{\theta}_1 \leqslant \theta \leqslant \hat{\theta}_2)$ 作为这个区间估计的置信度的度量,自然希望这个概率越大越好. 另一方面,希望对真参数所在范围的估计尽可能精确,亦即希望估计区间的长度越短越好. 为此,可以用 $E_\theta[\hat\theta_2 - \hat\theta_1]$ 作为区间估计精度的一个度量指标,$E_\theta[\hat\theta_2 - \hat\theta_1]$ 越小,则该区间的精度越高. 当然,还可以用其他的方法来定义区间的精度,但平均区间长度指标是最直观易懂的. 在样本容量给定的前提下,区间估计的置信度与精度之间存在着此消彼长的矛盾,但在统计学中奉行的是可靠度优先的原则,在给定区间估计的置信度前提下,寻找平均区间长度尽可能短的区间估计.

五、典型例题选讲

例 7.1　设总长 X 的分布列为

X	1	2	3	4	5
P	0.1	0.2	0.3	a	b

现抽取了容量为 100 的样本,这些样本取值的频数为

X	1	2	3	4	5
频数	12	18	28	32	10

试求未知参数 a 的矩估计值.

解　因为
$$\begin{cases} 0.1 + 0.2 + 0.3 + a + b = 1, \\ E[X] = 1 \times 0.1 + 2 \times 0.2 + 3 \times 0.3 + 4a + 5b. \end{cases}$$

所以
$$a = 3.4 - E[X].$$

又因为
$$\bar{x} = \frac{1 \times 12 + 2 \times 18 + 3 \times 28 + 4 \times 32 + 5 \times 10}{100} = 3.1,$$

从而 a 的矩估计值为
$$\hat{a}_M = 3.4 - \bar{x} = 3.4 - 3.1 = 0.3.$$

例 7.2　设总体 X 的密度函数为
$$f(x;\theta) = \frac{1}{2\theta} e^{-\frac{|x|}{\theta}}, \quad -\infty < x < +\infty,$$

其中,$\theta > 0$,$(X_1, X_2, \cdots, X_n)$ 是取自总体 X 的样本,求未知参数 θ 的矩估计量.

解　因为
$$E[X^2] = \int_{-\infty}^{+\infty} \frac{x^2}{2\theta} e^{-\frac{|x|}{\theta}} \, dx = 2\theta^2,$$

所以
$$\theta = \sqrt{\frac{E[X^2]}{2}},$$

故 θ 的矩估计量为

$$\hat{\theta}_M = \sqrt{\frac{\sum_{i=1}^{n} X_i^2}{2n}} .$$

注 由于总体的期望等于零,与未知参数 θ 无关,因此改求总体的二阶原点矩.

例 7.3 若总体 X 的密度函数为

$$f(x;\theta) = \begin{cases} \dfrac{1}{2\theta} & 0 < x < \theta \\ \dfrac{1}{2(1-\theta)} & \theta \leqslant x < 1 \\ 0 & \text{其他} \end{cases},$$

其中,$\theta(>0)$ 为未知参数,$(X_1, X_2, \cdots, X_n)$ 是取自总体 X 的样本,求 θ 的矩估计量.

解 因为

$$E[X] = \int_0^\theta \frac{x}{2\theta} \mathrm{d}x + \int_\theta^1 \frac{x}{2(1-\theta)} \mathrm{d}x = \frac{2\theta+1}{4} ,$$

所以

$$\theta = 2E[X] - \frac{1}{2} ,$$

故 θ 的矩估计量为

$$\hat{\theta}_M = 2\bar{X} - \frac{1}{2} .$$

例 7.4 设总体 X 服从参数为 $\theta(>0)$ 的泊松分布,$(1,3,2,2,4)$ 是来自该总体 X 的样本观测值,求 $P(X=1)$ 的矩估计值.

解 因为 $E[X] = \theta$,所以

$$P(X=1) = \theta \mathrm{e}^{-\theta} = E[X] \mathrm{e}^{-E[X]} ,$$

又

$$\bar{x} = \frac{1+3+2+2+4}{5} = 2.4 ,$$

从而,$P(X=1)$ 的矩估计值为 $\bar{x}\mathrm{e}^{-\bar{x}} = 2.4\mathrm{e}^{-2.4}$.

例 7.5 设总体 X 的分布列为

X	1	2	3	4	5
P	0.1	0.2	0.3	a	b

现抽取了容量为 100 的样本,这些样本取值的频数为

X	1	2	3	4	5
频数	12	18	28	32	10

试求未知参数 a 的最大似然估计值.

解 因为

$$0.1 + 0.2 + 0.3 + a + b = 1 ,$$

所以 $b = 0.4 - a$. 从而似然函数为

$$L = 0.1^{12} 0.2^{18} 0.3^{28} a^{32} (0.4 - a)^{10} ,$$

所以

$$\ln L = \ln[0.1^{12}0.2^{18}0.3^{28}] + 32\ln a + 10\ln(0.4 - a).$$

令

$$\frac{\mathrm{d}\ln L}{\mathrm{d}a} = \frac{32}{a} - \frac{10}{0.4 - a} = 0,$$

解得 $a = \dfrac{32}{105}$. 因此 a 的最大似然估计值 $\hat{a}_L = \dfrac{32}{105}$.

例 7.6　设总体 X 的密度函数为

$$f(x;\theta) = \begin{cases} \dfrac{2\theta}{(\theta - 1)x^3} & 1 \leqslant x \leqslant \sqrt{\theta} \\ 0 & \text{其他} \end{cases},$$

其中，$\theta > 1$，$(X_1, X_2, \cdots, X_n)$ 是取自总体 X 的样本，试求 θ 的最大似然估计量.

解　设样本观测值为 $(x_1, x_2, \cdots, x_n)$，当 $1 \leqslant x_{(1)} \leqslant x_{(n)} \leqslant \sqrt{\theta}$ 时，似然函数为

$$L = \frac{2^n \theta^n}{(\theta - 1)^n \prod\limits_{i=1}^{n} x_i^3},$$

所以

$$\ln L = n\ln 2 + n\ln\theta - n\ln(\theta - 1) - 3\sum_{i=1}^{n} \ln x_i.$$

由于

$$\frac{\partial \ln L}{\partial \theta} = \frac{n}{\theta} - \frac{n}{\theta - 1} < 0,$$

即当 θ 满足条件 $1 \leqslant x_{(1)} \leqslant x_{(n)} \leqslant \sqrt{\theta}$ 时，L 关于 θ 是严格单调减函数. 因此，L 在 $\theta = (x_{(n)})^2$ 时取到最大值，θ 的最大似然估计量为 $\hat{\theta}_L = (X_{(n)})^2$.

例 7.7　若总体 X 的密度函数为

$$f(x;\theta) = \begin{cases} \theta & 0 < x < 1 \\ 1 - \theta & 1 \leqslant x < 2 \\ 0 & \text{其他} \end{cases},$$

其中，$\theta(>0)$ 为未知参数，$(0.4, 0.6, 1.2, 1.8, 0.7)$ 是取自总体 X 的样本值，求 θ 的最大似然估计值.

解　因为似然函数为 $L = \theta^3(1 - \theta)^2$，所以

$$\ln L = 3\ln\theta + 2\ln(1 - \theta).$$

令

$$\frac{\mathrm{d}\ln L}{\mathrm{d}\theta} = \frac{3}{\theta} - \frac{2}{1 - \theta} = 0,$$

解得 $\theta = 0.6$，因此 θ 的最大似然估计值 $\hat{\theta}_L = 0.6$.

例 7.8　设总体 X 的密度函数为

$$f(x;\theta) = \begin{cases} \dfrac{3x^2}{\theta^3} & 0 \leqslant x \leqslant \theta \\ 0 & \text{其他} \end{cases},$$

其中,$\theta > 0$ 为未知参数,X_1,X_2,X_3 是取自总体 X 的样本.

(1)证明 $T_1 = \dfrac{4}{9}(X_1 + X_2 + X_3)$ 和 $T_2 = \dfrac{10}{9}\max(X_1,X_2,X_3)$ 都是 θ 的无偏估计量;

(2)比较 T_1,T_2 的方差并指出哪个更有效.

(1)**证明** 因为

$$E[X] = \int_0^\theta \frac{3x^3}{\theta^3}\mathrm{d}x = \frac{3\theta}{4},$$

$$E[T_1] = \frac{4}{9}(E[X_1] + E[X_2] + E[X_3]) = \frac{4}{9} \cdot \frac{9\theta}{4} = \theta,$$

所以,T_1 为 θ 的无偏估计量.

又 $X_{(3)}$ 的密度函数为

$$f_{X_{(3)}}(x) = \begin{cases} \dfrac{9x^8}{\theta^9} & 0 \leqslant x \leqslant \theta \\ 0 & \text{其他} \end{cases},$$

所以

$$E[X_{(3)}] = \int_0^\theta \frac{9x^9}{\theta^9}\mathrm{d}x = \frac{9\theta}{10},$$

故

$$E[T_2] = \frac{10}{9}E(X_{(3)}) = \theta.$$

因此,T_2 也为 θ 的无偏估计量.

(2)**解** 因为

$$E[X^2] = \int_0^\theta \frac{3x^4}{\theta^3}\mathrm{d}x = \frac{3\theta^2}{5},$$

$$\mathrm{Var}[X] = E[X^2] - (E[X])^2 = \frac{3\theta^2}{80},$$

$$\mathrm{Var}[T_1] = \frac{16}{81}(\mathrm{Var}[X_1] + \mathrm{Var}[X_2] + \mathrm{Var}[X_3]) = \frac{48\mathrm{Var}[X]}{81} = \frac{\theta^2}{45},$$

$$E[X_{(3)}^2] = \int_0^\theta \frac{9x^{10}}{\theta^9}\mathrm{d}x = \frac{9\theta^2}{11},$$

所以

$$\mathrm{Var}[X_{(3)}] = \frac{9\theta^2}{1\,100},$$

因此

$$\mathrm{Var}[T_2] = \frac{100}{81}\mathrm{Var}[X_{(3)}] = \frac{\theta^2}{99}.$$

又 $\mathrm{Var}[T_1] > \mathrm{Var}[T_2]$,且 T_1 和 T_2 都是 θ 的无偏估计量,所以 T_2 比 T_1 更有效.

例 7.9 设总体 X 服从区间 $[\theta,\theta+1]$ 上的均匀分布,其中 θ 是未知参数,设 $X_1,X_2,$
$\cdots,X_n$ 是来自总体 X 的一个样本,证明:$\hat{\theta} = \bar{X} - \dfrac{1}{2}$ 是参数 θ 的相合估计量.

证明 因为 $E[X] = \theta + \dfrac{1}{2}$,$\mathrm{Var}[X] = \dfrac{1}{12}$,所以

$$E[\hat{\theta}] = E[\bar{X}] - \frac{1}{2} = E[X] - \frac{1}{2} = \theta,$$

$$\mathrm{Var}[\hat{\theta}] = \mathrm{Var}[\bar{X}] = \frac{\mathrm{Var}[X]}{n} = \frac{1}{12n},$$

由切比雪夫不等式有:对于任给 $\varepsilon > 0$,有

$$P(|\hat{\theta} - \theta| \geqslant \varepsilon) = P(|\hat{\theta} - E[\hat{\theta}]| \geqslant \varepsilon) \leqslant \frac{\mathrm{Var}[\hat{\theta}]}{\varepsilon^2} = \frac{1}{12n\varepsilon^2} \to 0, \quad n \to +\infty,$$

因此

$$\lim_{n \to \infty} P(|\hat{\theta} - \theta| \geqslant \varepsilon) = 0,$$

即 $\hat{\theta}$ 是 θ 的相合估计.

例 7.10　灯泡厂从某天生产的一批灯泡中随机抽取 10 只进行寿命测试,测得数据如下(单位:h):

1 050,1 100,1 080,1 120,1 200,1 250,1 040,1 130,1 300,1 200

长期实践表明灯泡寿命服从正态分布 $N(\mu, \sigma^2)$,σ^2 未知,求总体均值 μ 的置信度为 0.95 的置信区间.

解　设样本均值与修正标准差分别为 $\bar{x}$,s_{10}^*,经计算 $\bar{x} = 1\,147$,$s_{10}^* = 87.056\,814\,14$,$t_{0.975}(9) = 2.262\,2$.当正态总体方差未知时,均值 μ 的置信度为 0.95 的置信区间为

$$\left[\bar{x} - \frac{t_{0.975}(9)s_{10}^*}{\sqrt{10}}, \bar{x} + \frac{t_{0.975}(9)s_{10}^*}{\sqrt{10}} \right]$$

$$= \left[1\,147 - \frac{2.262\,2 \times 87.056\,814\,14}{\sqrt{10}}, 1\,147 + \frac{2.262\,2 \times 87.056\,814\,14}{\sqrt{10}} \right]$$

$$\approx [1\,084.722\,1, 1\,209.277\,9].$$

例 7.11　为了比较两位职员为顾客办理个人话费缴纳业务的速度,分别记录了两位职员为 12 名顾客办理业务所需的时间(单位:min),经过计算其样本均值与修正样本方差分别为:

职员甲　$\bar{x} = 13$,$s_1^{*2} = 14.32$,$n_1 = 12$.

职员乙　$\bar{y} = 16$,$s_2^{*2} = 15.98$,$n_1 = 12$.

假定每位职员办理业务所需时间都服从正态分布,试求甲、乙两位职员所办理业务平均所需时间方差比的 95% 的置信区间.

解　$F_{0.975}(11, 11) = 3.473\,7$,当两正态总体期望均未知时,方差比 $\dfrac{\sigma_{甲}^2}{\sigma_{乙}^2}$ 的置信度为 0.95 的置信区间为

$$\left[\frac{s_1^{*2}}{s_2^{*2}} \frac{1}{F_{0.975}(11, 11)}, \frac{s_1^{*2}}{s_2^{*2}} \frac{1}{F_{0.025}(11, 11)} \right]$$

$$= \left[\frac{1}{3.473\,7} \times \frac{14.32}{15.98}, 3.473\,7 \times \frac{14.32}{15.98} \right]$$

$$= [0.258\,0, 3.112\,9].$$

六、习 题 详 解

7.1 设总体 X 的密度函数为

$$f(x;\theta) = \begin{cases} \theta(\theta+1)x^{\theta-1}(1-x) & 0 < x \leqslant 1 \\ 0 & \text{其他} \end{cases},$$

其中，$\theta>0$，$X_1,X_2,\cdots,X_n$ 为来自总体 X 的简单随机样本，求未知参数 θ 的矩估计量．

解 因为

$$E[X] = \int_0^1 \theta(\theta+1)x^\theta(1-x)\mathrm{d}x = \frac{\theta}{\theta+2},$$

所以

$$\theta = \frac{2E[X]}{1-E[X]},$$

从而，θ 的矩估计量为

$$\hat{\theta}_M = \frac{2\overline{X}}{1-\overline{X}}.$$

7.2 假设每升水中大肠杆菌的数目 X 服从泊松分布 $\mathrm{Pois}(\lambda)$，其中 $\lambda>0$．为了检验某种自来水消毒设备的效果，现从消毒后的水中随机抽取 60 升进行化验，化验结果如下：

每升水中大肠杆菌的个数	0	1	2	3	4	5
水量/升	16	22	10	7	3	2

试求未知参数 λ 的矩估计值．

解 因为 $E[X]=\lambda$，所以 λ 的矩估计值为

$$\hat{\lambda}_M = \overline{x} = \frac{0\times16+1\times22+2\times10+3\times7+4\times3+5\times2}{60} = \frac{17}{12}.$$

7.3 设总体 X 的密度函数为 $f(x,\theta) = \frac{1}{2\theta}\mathrm{e}^{-\frac{|x|}{\theta}}$，其中，$\theta>0$ 是未知参数，$(X_1,X_2,\cdots,X_n)$ 是 X 的容量为 n 的样本．求 θ 的最大似然估计量 $\hat{\theta}_L$．

解 设样本观测值为 $(x_1,x_2,\cdots,x_n)$，当 $x_i>0(i=1,2,\cdots,n)$ 时，似然函数为

$$L = \frac{1}{2^n\theta^n}\mathrm{e}^{-\frac{\sum\limits_{i=1}^n|x_i|}{\theta}},$$

所以

$$\ln L = -n\ln 2 - n\ln\theta - \frac{\sum\limits_{i=1}^n|x_i|}{\theta}$$

令

$$\frac{\partial\ln L}{\partial\theta} = -\frac{n}{\theta} + \frac{\sum\limits_{i=1}^n|x_i|}{\theta^2} = 0,$$

解得

$$\theta = \dfrac{\sum\limits_{i=1}^{n} |x_i|}{n} ,$$

从而, θ 的最大似然估计量为

$$\hat{\theta}_L = \dfrac{\sum\limits_{i=1}^{n} |X_i|}{n} .$$

7.4 设总体 X 的密度函数为

$$f(x;\theta) = \begin{cases} \dfrac{1}{\theta} e^{-\frac{x-1}{\theta}} & x > 1 \\ 0 & x \leqslant 1 \end{cases} ,$$

其中, $\theta > 0$ 是未知参数, $(X_1, X_2, \cdots, X_n)$ 是 X 的容量为 n 的样本. 求 θ 的最大似然估计量 $\hat{\theta}_L$.

解 设样本观测值为 $(x_1, x_2, \cdots, x_n)$, 当 $x_i > 1(i = 1, 2, \cdots, n)$ 时, 似然函数为

$$L = \dfrac{1}{\theta^n} e^{-\frac{\sum\limits_{i=1}^{n}(x_i-1)}{\theta}} ,$$

所以

$$\ln L = -n\ln\theta - \dfrac{\sum\limits_{i=1}^{n} x_i - n}{\theta} .$$

令 $\dfrac{\partial \ln L}{\partial \theta} = -\dfrac{n}{\theta} + \dfrac{\sum\limits_{i=1}^{n} x_i - n}{\theta^2} = 0$, 解得

$$\theta = \bar{x} - 1 .$$

从而, θ 的最大似然估计量为 $\hat{\theta}_L = \bar{X} - 1$.

7.5 设总体 X 的分布列为

X	1	2	3
P	θ	θ	$1-2\theta$

其中 $0 < \theta < \dfrac{1}{2}$, 今有样本观测值

$$1, 1, 1, 3, 2, 1, 3, 2, 2, 1, 2, 2, 3, 1, 1, 2 .$$

试求 θ 的最大似然估计值 $\hat{\theta}_L$.

解 依题意, 似然函数为

$$L = \theta^{13}(1 - 2\theta)^3 ,$$

所以

$$\ln L = 13\ln\theta + 3\ln(1 - 2\theta) .$$

令

$$\dfrac{\mathrm{d}\ln L}{\mathrm{d}\theta} = \dfrac{13}{\theta} - \dfrac{6}{1-2\theta} = 0 ,$$

解得
$$\theta = \frac{13}{32}.$$

从而,θ 的最大似然估计值为 $\hat{\theta}_L = \frac{13}{32}$.

7.6 设总体 $X \sim B(m,p)$,其中,$0 < p < 1$,p 为未知参数,m 为正整数且已知,$(X_1, X_2, \cdots, X_n)$ 是取自总体 X 的样本.求未知参数 p 的矩估计量 $\hat{p}_M$ 及最大似然估计量 $\hat{p}_L$.

解　(1)因为 $E[X] = mp$,所以 $p = \frac{E[X]}{m}$,从而 p 的矩估计量为

$$\hat{p}_M = \frac{\bar{X}}{m}.$$

(2)设样本观测值为 $(x_1, x_2, \cdots, x_n)$,当 $x_i = 0, 1, \cdots, m (i = 1, 2, \cdots, n)$ 时,似然函数为

$$L = \prod_{i=1}^{n} \binom{m}{x_i} p^{x_i} (1-p)^{m-x_i},$$

所以

$$\ln L = \sum_{i=1}^{n} \ln \binom{m}{x_i} + \left(\sum_{i=1}^{n} x_i \right) \ln p + \left(mn - \sum_{i=1}^{n} x_i \right) \ln(1-p).$$

令

$$\frac{\partial \ln L}{\partial p} = \frac{\left(\sum_{i=1}^{n} x_i \right)}{p} - \frac{nm - \sum_{i=1}^{n} x_i}{1-p} = 0,$$

解得

$$p = \frac{\bar{x}}{m}.$$

从而,p 的最大似然估计量为 $\hat{p}_L = \frac{\bar{X}}{m}$.

7.7 设总体 X 服从区间 $[\theta, 2\theta]$($\theta > 0$)上的均匀分布,$(X_1, X_2, \cdots, X_n)$ 是取自总体 X 的样本,试求 θ 的矩估计量 $\hat{\theta}_M$ 及最大似然估计量 $\hat{\theta}_L$.

解　(1)因为 $E[X] = \frac{3\theta}{2}$,所以 $\theta = \frac{2}{3} E[X]$,从而,$\theta$ 的矩估计量为 $\hat{\theta}_M = \frac{2}{3} \bar{X}$.

(2)设样本观测值为 $(x_1, x_2, \cdots, x_n)$,似然函数为

$$L = \begin{cases} \dfrac{1}{\theta^n} & \theta \leqslant x_{(1)} \leqslant x_{(n)} \leqslant 2\theta \\ 0 & \text{其他} \end{cases},$$

所以 L 要取到最大值,θ 应当取值为 $\frac{x_{(n)}}{2}$,故 θ 的最大似然估计量为 $\hat{\theta}_L = \frac{X_{(n)}}{2}$.

7.8 设总体 $X \sim \mathrm{Exp}(\lambda)$,其中 $\lambda (>0)$ 为未知参数,现从总体中抽得容量为 8 的样本观测值分别为

$$1\,250, \quad 1\,265, \quad 1\,245, \quad 1\,260, \quad 1\,275, \quad 1\,248, \quad 1\,252, \quad 1\,261.$$

试求 λ 的矩估计值 $\hat{\lambda}_M$ 及最大似然估计值 $\hat{\lambda}_L$.

解 (1)因为 $E[X] = \dfrac{1}{\lambda}$,所以 λ 的矩估计值为

$$\hat{\lambda}_M = \frac{1}{\bar{x}} = \frac{8}{1\,250 + 1\,265 + \cdots + 1\,261} = 0.000\,8.$$

(2)似然函数为

$$L = \lambda^8 e^{-\lambda(1\,250 + 1\,265 + \cdots + 1\,261)}.$$

而

$$\ln L = 8\ln\lambda - 10\,056\lambda.$$

令

$$\frac{\mathrm{d}\ln L}{\mathrm{d}\lambda} = \frac{8}{\lambda} - 10\,056 = 0,$$

解得

$$\lambda = 0.000\,8.$$

从而 λ 的最大似然估计值为 $\hat{\lambda}_L = 0.000\,8$.

7.9 设总体 X 的密度函数为

$$f(x;\alpha,\beta) = \begin{cases} \dfrac{1}{\beta}e^{-\frac{x-\alpha}{\beta}} & x \geqslant \alpha, \alpha > 0, \beta > 0, \\ 0 & \text{其他} \end{cases},$$

其中,α,β 为未知参数,$(X_1, X_2, \cdots, X_n)$ 是取自总体 X 的样本. 试求 α,β 的矩估计量及最大似然估计量.

解 (1)因为

$$\begin{cases} E[X] = \displaystyle\int_{\alpha}^{+\infty} \frac{x}{\beta}e^{-\frac{x-\alpha}{\beta}}\mathrm{d}x = \alpha + \beta, \\ E[X^2] = \displaystyle\int_{\alpha}^{+\infty} \frac{x^2}{\beta}e^{-\frac{x-\alpha}{\beta}}\mathrm{d}x = \alpha^2 + 2\alpha\beta + 2\beta^2, \end{cases}$$

所以

$$\begin{cases} \alpha = E[X] - \sqrt{E[X^2] - (E[X])^2}, \\ \beta = \sqrt{E[X^2] - (E[X])^2}, \end{cases}$$

从而 α,β 的矩估计量为

$$\hat{\alpha}_M = \bar{X} - S_n, \quad \hat{\beta}_M = S_n.$$

(2)设样本观测值为 $(x_1, x_2, \cdots, x_n)$,当 $x_i > \alpha (i = 1, 2, \cdots, n)$ 时,似然函数为

$$L = \frac{1}{\beta^n}e^{\frac{\sum\limits_{i=1}^{n}(x_i - \alpha)}{\beta}},$$

所以

$$\ln L = -n\ln\beta - \frac{\sum\limits_{i=1}^{n} x_i - n\alpha}{\beta} = -n\ln\beta - \frac{\sum\limits_{i=1}^{n} x_i}{\beta} + \frac{n\alpha}{\beta}.$$

由于 $\ln L$ 关于 α 是单调不降的,因此

$$\ln L \leqslant -n\ln\beta - \frac{\sum_{i=1}^{n} x_i}{\beta} + \frac{n x_{(1)}}{\beta}.$$

令

$$g(\beta) = -n\ln\beta - \frac{\sum_{i=1}^{n} x_i}{\beta} + \frac{n x_{(1)}}{\beta},$$

并令

$$\frac{\partial g(\beta)}{\beta} = -\frac{n}{\beta} + \frac{\sum_{i=1}^{n} x_i}{\beta^2} - \frac{n x_{(1)}}{\beta^2} = 0,$$

解出 $\beta = \bar{x} - x_{(1)}$. 从而 α, β 的最大似然估计量为

$$\hat{\alpha}_L = X_{(1)}, \quad \hat{\beta}_L = \bar{X} - X_{(1)}.$$

7.10 已知某种灯泡寿命服从指数分布,现从该种灯泡随机抽出 12 只,测得寿命分别为(单位:h):

1 120,1 020,1 196,1 126,1 296,1 306,1 095,1 180,1 280,1 322,1 091,1 122.

试用最大似然估计方法估计出这种型号灯泡寿命超过 1 500 h 的概率.

解 设总体服从参数为 λ 的指数分布,记 $\theta = P(X \geqslant 1\,500) = e^{-1\,500\lambda}$,则 $\lambda = -\frac{\ln\theta}{1\,500}$. 似然函数为

$$L = \lambda^{12} e^{-\lambda \sum_{i=1}^{12} x_i} = \lambda^{12} e^{-14\,154\lambda} = \left(\frac{\ln\theta}{1\,500}\right)^{12} \theta^{\frac{14\,154}{1\,500}},$$

所以

$$\ln L = 12\ln\left(\frac{\ln\theta}{1\,500}\right) + \frac{14\,154}{1\,500}\ln\theta.$$

令

$$\frac{\mathrm{d}\ln L}{\mathrm{d}\theta} = \frac{12}{\theta\ln\theta} + \frac{14\,154}{1\,500\,\theta} = 0,$$

解得

$$\theta = e^{-\frac{12 \times 1\,500}{14\,154}} = e^{-1.2717}.$$

因此,所求参数的最大似然估计值为 $\hat{\theta}_L = e^{-1.2717}$.

注 由于最大似然估计满足函数不变性,所以可以先求 λ 的最大似然估计值 $\hat{\lambda}_L = \frac{1}{\bar{x}}$,再求 θ 的最大似然估计值 $\hat{\theta}_L = e^{-\frac{1\,500}{\hat{\lambda}_L}} = e^{-1.2717}$.

7.11 假设总体 X 服从参数为 p 的 0—1 分布($0 < p < 1$),$X_1, X_2, \cdots, X_n$ 为来自 X 的样本.(1)试求 p^2 的无偏估计.(2)证明:$\frac{1}{p}$ 的无偏估计不存在.

(1)解 因为

$$E[\bar{X} - S_n^{*2}] = E[\bar{X}] - E[S_n^{*2}] = p - p(1-p) = p^2,$$

所以 $\bar{X} - S_n^{*2}$ 为 p^2 的无偏估计.

注 p^2 的无偏估计并不唯一.

(2)**证明** 设 $T(X_1, X_2, \cdots, X_n)$ 为 $\dfrac{1}{p}$ 的一个估计量,则有

$$E[T(X_1, X_2, \cdots, X_n)] = \sum_{\substack{x=0\text{或}1 \\ i=1,\cdots,n}} T(x_1, x_2, \cdots, x_n) p^{\sum\limits_{i=1}^n x_i} (1-p)^{n-\sum\limits_{i=1}^n x_i}.$$

而 $\sum\limits_{\substack{x=0\text{或}1 \\ i=1,\cdots,n}} T(x_1, x_2, \cdots, x_n) p^{\sum\limits_{i=1}^n x_i} (1-p)^{n-\sum\limits_{i=1}^n x_i}$ 为 p 的多项式,不可能等于 $\dfrac{1}{p}$,即 $\dfrac{1}{p}$ 不存在无偏估计.

7.12 若总体 X 的密度函数为

$$f(x;\theta) = \begin{cases} \dfrac{x}{\theta} e^{-\frac{x^2}{2\theta}} & x > 0 \\ 0 & x \leqslant 0 \end{cases},$$

其中,$\theta(>0)$ 为未知参数,$(X_1, X_2, \cdots, X_n)$ 是取自总体 X 的样本,试求 θ 的无偏估计量.

解 设样本观测值为 $(x_1, x_2, \cdots, x_n)$,当 $x_i > 0 (i=1,2,\cdots,n)$ 时,似然函数为

$$L = \frac{\sum\limits_{i=1}^n x_i}{\theta^n} e^{-\frac{\sum\limits_{i=1}^n x_i^2}{2\theta}},$$

于是

$$\ln L = \sum_{i=1}^n \ln x - n\ln\theta - \frac{\sum\limits_{i=1}^n x_i^2}{2\theta}.$$

令

$$\frac{\partial \ln L}{\partial \theta} = -\frac{n}{\theta} + \frac{\sum\limits_{i=1}^n x_i^2}{2\theta^2} = 0,$$

解得

$$\theta = \frac{1}{2n} \sum_{i=1}^n x_i^2,$$

从而 θ 的最大似然估计量为

$$\hat{\theta}_L = \frac{1}{2n} \sum_{i=1}^n X_i^2,$$

又因

$$E[X^2] = \int_0^{+\infty} \frac{x^3}{\theta} e^{-\frac{x^2}{2\theta}} dx = 2\theta,$$

故

$$E[\hat{\theta}_L] = \frac{1}{2n} \sum_{i=1}^n E[X_i^2] = \theta.$$

因此 $\hat{\theta}_L$ 为 θ 的无偏估计量.

7.13　设总体 X 在区间$[0,\theta]$上服从均匀分布，其中，参数 θ 未知，$(X_1,X_2,\cdots,X_n)$ $(n>2)$是从该总体抽取的样本.(1)证明：$T_1=2\bar{X}$，$T_2=(n+1)X_{(1)}$ 均为 θ 的无偏估计量.(2)问：哪个估计量更为有效？

（1）**证明**　因为

$$E[T_1]=E[2\bar{X}]=2E[\bar{X}]=2E[X]=\theta,$$

所以，T_1 为 θ 的无偏估计量.

又 $X_{(1)}$ 的密度函数为

$$f(x)=\begin{cases}\dfrac{n}{\theta}\left(1-\dfrac{x}{\theta}\right)^{n-1} & 0\leqslant x\leqslant\theta \\ 0 & \text{其他}\end{cases},$$

所以

$$E[X_{(1)}]=\int_0^\theta\frac{nx}{\theta}\left(1-\frac{x}{\theta}\right)^{n-1}\mathrm{d}x=\frac{\theta}{n+1},$$

因此

$$E[T_2]=(n+1)E(X_{(1)})=\theta,$$

从而，T_2 也为 θ 的无偏估计量.

（2）**解**　因为

$$\mathrm{Var}[T_1]=4\mathrm{Var}[\bar{X}]=\frac{4\mathrm{Var}[X]}{n}=\frac{\theta^2}{3n},$$

$$E[X_{(1)}^2]=\int_0^\theta\frac{nx^2}{\theta}\left(1-\frac{x}{\theta}\right)^{n-1}\mathrm{d}x=\frac{2\theta^2}{(n+1)(n+2)},$$

所以

$$\mathrm{Var}[X_{(1)}]=\frac{n\theta^2}{(n+1)^2(n+2)},$$

因此

$$\mathrm{Var}[T_2]=(n+1)^2\mathrm{Var}[X_{(1)}]=\frac{n\theta^2}{(n+2)}.$$

可见

$$\mathrm{Var}[T_1]\leqslant\mathrm{Var}[T_2],$$

且 T_1 和 T_2 都是 θ 的无偏估计量，所以 T_1 比 T_2 更有效.

7.14　设 $X_1,X_2,\cdots,X_n$ 是来自服从区间$[0,2\theta]$均匀分布的一个样本，求 θ 的最大似然估计量，并证明它是 θ 的相合估计.

解　设样本观测值为$(x_1,x_2,\cdots,x_n)$，似然函数为

$$L=\begin{cases}\dfrac{1}{(2\theta)^n} & 0\leqslant x_{(1)}\leqslant x_{(n)}\leqslant2\theta \\ 0 & \text{其他}\end{cases},$$

要使 L 取到最大值，θ 应当取值为$\dfrac{x_{(n)}}{2}$，故 θ 的最大似然估计量为 $\hat{\theta}_L=\dfrac{X_{(n)}}{2}$.

又因为 $X_{(n)}$ 的分布函数为

$$F_{(n)}(x) = \begin{cases} \left(\dfrac{x}{2\theta}\right)^n & 0 \leqslant x \leqslant 2\theta \\ 1 & x > 2\theta \\ 0 & x < 0 \end{cases},$$

所以,对于任给 $\varepsilon > 0$,有

$$P(|\hat{\theta}_L - \theta| \geqslant \varepsilon) = P(|X_{(n)} - 2\theta| \geqslant 2\varepsilon)$$
$$= 1 - F_n(2\theta + 2\varepsilon) + F_{(n)}(2\theta - 2\varepsilon) \to 0, n \to +\infty,$$

故最大似然估计量 $\hat{\theta}_L$ 是 θ 的相合估计.

7.15　设 $X_1, X_2, \cdots, X_n$ 是来自泊松分布 $\mathrm{Pois}(\theta)$ 的一个样本,证明:$2\bar{X} + 5$ 是 $2\theta + 5$ 的相合估计.

证明　因为

$$E[2\bar{X} + 5] = 2\theta + 5,$$

所以由切比雪夫不等式有:对于任给 $\varepsilon > 0$,

$$P(|(2\bar{X} + 5) - (2\theta + 5)| \geqslant \varepsilon) = P(|(2\bar{X} + 5) - E[2\bar{X} + 5]| \geqslant \varepsilon)$$
$$= P\left(|\bar{X} - \theta| \geqslant \frac{\varepsilon}{2}\right)$$
$$\leqslant \frac{\mathrm{Var}[\bar{X}]}{\dfrac{\varepsilon^2}{4}} = \frac{4\theta}{n\varepsilon^2} \to 0, \quad n \to +\infty,$$

因此

$$\lim_{n \to +\infty} P(|(2\bar{X} + 5) - (2\theta + 5)| \geqslant \varepsilon) = 0,$$

故 $2\bar{X} + 5$ 是 $2\theta + 5$ 的相合估计.

7.16　设总体 X 服从二项分布 $B(10, \theta)$,其中,$\theta(0 < \theta < 1)$ 为未知参数,$(X_1, X_2, \cdots, X_n)$ 是来自总体 X 的一个样本.(1)求 θ 的最大似然估计量.(2)证明该估计量是无偏的并且为 θ 的相合估计.

(1)解　设样本观测值为 $(x_1, x_2, \cdots, x_n)$,当 $x_i = 0, 1, \cdots, 10(i = 1, 2, \cdots, n)$ 时,似然函数为

$$L = \prod_{i=1}^{n} \binom{10}{x_i} \theta^{x_i} (1 - \theta)^{10 - x_i},$$

所以

$$\ln L = \sum_{i=1}^{n} \ln \binom{10}{x_i} + \left(\sum_{i=1}^{n} x_i\right) \ln \theta + \left(10n - \sum_{i=1}^{n} x_i\right) \ln(1 - \theta).$$

令

$$\frac{\partial \ln L}{\partial \theta} = \frac{\displaystyle\sum_{i=1}^{n} x_i}{\theta} - \frac{10n - \displaystyle\sum_{i=1}^{n} x_i}{1 - \theta} = 0,$$

解得
$$\theta = \frac{\bar{x}}{10}.$$

因此，θ 的最大似然估计量为 $\hat{\theta}_L = \dfrac{\bar{X}}{10}$.

（2）**证明**　因为
$$E[\hat{\theta}_L] = \frac{E[\bar{X}]}{10} = \frac{E[X]}{10} = \frac{10\theta}{10} = \theta,$$

所以 $\hat{\theta}_L$ 是 θ 的无偏估计量.

由切比雪夫不等式有：对于任给 $\varepsilon > 0$,

$$P(|\hat{\theta}_L - \theta| \geqslant \varepsilon) \leqslant \frac{\mathrm{Var}[\hat{\theta}_L]}{\varepsilon^2} = \frac{\mathrm{Var}\left[\dfrac{\bar{X}}{10}\right]}{\varepsilon^2} = \frac{10\theta(1-\theta)}{100n\varepsilon^2} \to 0, \quad n \to +\infty,$$

因此
$$\lim_{n \to +\infty} P(|\hat{\theta}_L - \theta| \geqslant \varepsilon) = 0,$$

故 $\hat{\theta}_L$ 是 θ 的相合估计.

7.17　设总体 $X \sim N(\mu,4)$，其中，μ 未知，$X_1, X_2, \cdots, X_n$ 为来自总体 X 的简单随机样本，则 $\left[\bar{X} - \dfrac{2u_{0.95}}{\sqrt{n}}, \bar{X} + \dfrac{2u_{0.95}}{\sqrt{n}}\right]$ 作为 μ 的置信区间，其置信水平为多少？并说明原因．要使置信区间的长度不超过 1，样本容量至少为多少？

解　（1）因为
$$\frac{\sqrt{n}(\bar{X} - \mu)}{2} \sim N(0,1),$$

所以
$$P\left(\frac{\sqrt{n}|\bar{X} - \mu|}{2} \leqslant u_{0.95}\right) = 0.90,$$

即
$$P\left(\bar{X} - \frac{2u_{0.95}}{\sqrt{n}} \leqslant \mu \leqslant \bar{X} + \frac{2u_{0.95}}{\sqrt{n}}\right) = 0.90,$$

所以 $\left[\bar{X} - \dfrac{2u_{0.95}}{\sqrt{n}}, \bar{X} + \dfrac{2u_{0.95}}{\sqrt{n}}\right]$ 是 μ 的置信度为 0.90 的置信区间.

（2）要使置信区间 $\left[\bar{X} - \dfrac{2u_{0.95}}{\sqrt{n}}, \bar{X} + \dfrac{2u_{0.95}}{\sqrt{n}}\right]$ 的长度不超过 1，即
$$\frac{4u_{0.95}}{\sqrt{n}} \leqslant 1,$$

从而
$$n \geqslant 16u_{0.95}^2 = 16 \times 1.645^2 = 43.2964,$$

即样本容量至少为 44.

7.18　设总体 X 服从 $N(\mu,1)$，其中，μ 为未知参数，$(x_1, x_2, \cdots, x_n)$ 是来自总体 X 的一个样本观测值．假定由这组观测值求出 μ 的置信水平为 $1-\alpha$ 的置信区间为 $[0.2,5]$，由

这组观测值确定 $\theta = 3\mu + 7$ 的置信水平为 $1 - \alpha$ 的置信区间.

解 设 μ 的置信度为 $1 - \alpha$ 的置信区间为 $[T_1, T_2]$,则

$$P(T_1 \leqslant \mu \leqslant T_2) = 1 - \alpha,$$

从而 $\qquad\qquad P(3T_1 + 7 \leqslant 3\mu + 7 \leqslant 3T_2 + 7) = 1 - \alpha.$

由 $3 \times 0.2 + 7 = 7.6$ 和 $3 \times 5 + 7 = 22$ 可知,在这组观测值下,μ 的置信度为 $1 - \alpha$ 的置信区间为 $[7.6, 22]$.

7.19 某自动包装机包装洗衣粉,其重量 $X \sim N(\mu, \sigma^2)$,其中 μ, σ 未知. 今随机抽取 12 袋测得其重量,经计算得样本均值 $\bar{x} = 1\,000.25(\text{g})$,修正样本标准差: $s_{12}^* = 2.632\,9(\text{g})$,试求:

(1)总体均值 μ 的置信水平为 0.95 的置信区间.

(2)总体标准差 σ 的置信水平为 0.95 的置信区间.

解 (1)注意到 $t_{0.975}(11) = 2.201\,0$,当正态总体方差未知时,均值 μ 的置信度为 0.95 的置信区间为

$$\left[\bar{x} - \frac{t_{0.975}(1) s_{12}^*}{\sqrt{12}}, \bar{x} + \frac{t_{0.975}(1) s_{12}^*}{\sqrt{12}} \right]$$

$$= \left[1\,000.25 - \frac{2.201\,0 \times 2.632\,9}{\sqrt{12}}, 1\,000.25 + \frac{2.201\,0 \times 2.632\,9}{\sqrt{12}} \right]$$

$$\approx [998.577\,1, 1\,001.922\,9].$$

(2)注意到 $\chi_{0.025}^2(11) = 3.816$,$\chi_{0.975}^2(11) = 21.920$,当正态总体均值未知时,标准差 σ 的置信度为 0.95 的置信区间为

$$\left[\frac{\sqrt{11} s_{12}^*}{\sqrt{\chi_{0.975}^2(11)}}, \frac{\sqrt{11} s_{12}^*}{\sqrt{\chi_{0.025}^2(11)}} \right]$$

$$= \left[\frac{\sqrt{11} \times 2.632\,9}{\sqrt{21.920}}, \frac{\sqrt{11} \times 2.632\,9}{\sqrt{3.816}} \right]$$

$$= [1.865\,1, 4.470\,2].$$

7.20 为了比较甲、乙两类试验田的收获量,随机抽取甲类试验田 8 块、乙类试验田 10 块,测得亩产量如下(单位:kg):

甲类:510,628,583,615,554,612,530,525;

乙类:433,535,398,470,560,567,498,480,503,426.

假定这两类试验田的亩产量都服从正态分布,且方差相同,求两总体均值之差 $\mu_甲 - \mu_乙$ 置信度为 95% 的置信区间.

解 记甲类试验田的样本均值与修正标准差分别为 $\bar{x}, s_1^*$,乙类试验田的样本均值与修正标准差分别为 $\bar{y}, s_2^*$. 经计算,$\bar{x} = 569.625, 7s_1^{*2} = 14\,801.875, \bar{y} = 487, 9s_2^{*2} = 29\,306$,$\bar{x} - \bar{y} = 82.625$;$t_{0.975}(16) = 2.119.9$,当两正态总体方差未知但相等时,均值差 $\mu_甲 - \mu_乙$ 的置信度为 0.95 的置信区间为

$$\left[\overline{x} - \overline{y} - t_{0.975}(16) \sqrt{\frac{7s_1^{*2} + 9s_2^{*2}}{8 + 10 - 2}} \sqrt{\frac{1}{8} + \frac{1}{10}}, \right.$$

$$\left. \overline{x} - \overline{y} + t_{0.975}(16) \sqrt{\frac{7s_1^{*2} + 9s_2^{*2}}{8 + 10 - 2}} \sqrt{\frac{1}{8} + \frac{1}{10}} \right]$$

$$= \left[82.625 - 2.1199 \sqrt{\frac{14801.875 + 29306}{8 + 10 - 2}} \sqrt{\frac{1}{8} + \frac{1}{10}}, \right.$$

$$\left. 82.625 + 2.1199 \sqrt{\frac{14801.875 + 29306}{8 + 10 - 2}} \sqrt{\frac{1}{8} + \frac{1}{10}} \right]$$

$$= [29.8256, 135.4214]$$

7.21 有两位化验员 A 与 B 独立地对一批聚合物含氯量用同样方法各进行 10 次重复测定,其样本方差分别为 $s_{甲}^{*2} = 0.541, s_{乙}^{*2} = 0.606$,若 A 与 B 的测量值都服从正态分布,试求总体方差比 $\dfrac{\sigma_{甲}^2}{\sigma_{乙}^2}$ 的 95% 的置信区间.

解 注意到 $F_{0.975}(9,9) = 4.03$,当两正态总体期望均未知时,方差比 $\dfrac{\sigma_{甲}^2}{\sigma_{乙}^2}$ 的置信度为 0.95 的置信区间为

$$\left[\frac{s_{甲}^{*2}}{s_{乙}^{*2}} \frac{1}{F_{0.975}(9,9)}, \frac{s_{甲}^{*2}}{s_{乙}^{*2}} F_{0.975}(9,9) \right]$$

$$= \left[\frac{0.541}{0.606 \times 4.03}, \frac{0.541}{0.606} \times 4.03 \right]$$

$$\approx [0.2215, 3.5977].$$

第八章 假设检验

一、基本内容

假设检验的基本概念,假设检验的步骤,单个正态总体参数的假设检验,两个正态总体均值差及方差比的假设检验,非参假设检验中多项分布的 χ^2 拟合检验和一般分布的 χ^2 拟合检验.

二、基本要求

(1)理解假设检验的基本思想,掌握假设检验的基本步骤,会构造简单假设问题的显著性检验.

(2)理解假设检验的两类错误,并且对于较简单的情形,会计算犯两类错误的概率.

(3)掌握对单个正态总体的均值及方差的检验方法,掌握对两个正态总体均值差及方差比的假设检验.

(4)了解非参假设检验中的多项分布的 χ^2 拟合检验和一般分布的 χ^2 拟合检验.

三、基本知识提要

(一)假设检验的基本概念

统计估计问题讨论怎样根据样本去估计总体的未知分布或分布中含有的未知参数.假设检验问题讨论的角度与估计问题有所不同,它讨论怎样根据样本去判断关于总体未知分布的假设或关于分布中未知参数的假设能否被接受的问题.

1. 原假设与备选假设

"假设"指关于总体未知分布或关于分布中未知参数的猜测或假说.假设分为原假设(H_0)与备选假设(H_1).这两个假设是相互对立的或互相排斥的,当我们接受原假设时,就意味着拒绝备选假设;当我们拒绝原假设时,就意味着接受备选假设.

2. 检验准则

统计假设的检验,指按照一定规则根据样本判断假设 H_0 的真伪,并作出接受还是否定假设 H_0 的决定.决定假设接受与否的规则,称作检验准则,简称为检验.

3. 两类错误

第一类错误:当原假设为真时却拒绝了原假设(拒真),犯此类错误的概率称为犯第一类错误的概率.

第二类错误:当备选假设为真时却接受了原假设(采伪),犯此类错误的概率称为犯第二类错误的概率.

4. 显著性水平

若一个检验法则,犯第一类错误的概率不超过某个常数 $\alpha(0<\alpha<1)$,常选 $\alpha=0.001,0.01,0.05,0.10$ 等,则这个 α 称为检验的显著性水平.显著性水平 α 只控制犯第一类错误概率,是犯第一类错误概率的最大容许值.

(二)假设检验的基本步骤

(1)提出原假设与备选假设,把欲考察的问题以原假设 H_0 的形式提出,并且在做出最后的判断之前,始终在"假设 H_0 成立"的前提下进行分析.

(2)选取检验统计量.

(3)规定显著性水平 $\alpha(0<n<1)$.

(4)建立检验准则.在假设 H_0 成立的条件下,根据检验统计量的分布,将样本值全体组成的区域分成两个不相交的区域:拒绝域(当样本值落入该区域拒绝原假设 H_0)与接受域(当样本值落入该区域接受原假设 H_0);给出拒绝域等价于给定检验准则.

(5)根据样本值做判断.依据获得的样本值,按检验准则判断是否拒绝原假设 H_0.

(三)单个正态总体均值和方差的检验

定理　假设总体 $X \sim N(\mu,\sigma^2)$,$(X_1,X_2,\cdots,X_n)$ 是来自总体 X 的简单随机样本;$\bar{X}$ 为样本均值,S_n^{*2} 为修正样本方差.设 μ_0 和 σ_0 是已知常数.记

$$U = \frac{\bar{X}-\mu_0}{\frac{\sigma_0}{\sqrt{n}}}, \quad T = \frac{\bar{X}-\mu_0}{\frac{S_n^*}{\sqrt{n}}},$$

$$\chi^2 = \frac{(n-1)S_n^{*2}}{\sigma_0^2} = \frac{1}{\sigma_0^2}\sum_{i=1}^{n}(X_i-\bar{X})^2, \quad \chi_0^2 = \frac{1}{\sigma_0^2}\sum_{i=1}^{n}(X_i-\mu_0)^2.$$

则

(1)当 $\mu=\mu_0,\sigma=\sigma_0$ 时,$U \sim N(0,1)$.

(2)当 $\mu=\mu_0$ 时,T 服从自由度为 $n-1$ 的 t 分布.

(3)当 $\sigma=\sigma_0$ 时,χ^2 和 χ_0^2 分别服从自由度分别为 $n-1$ 和 n 的 χ^2 分布.

1. 正态总体均值 μ 的检验

当 $\sigma=\sigma_0$ 已知时用 U 检验,当 σ 未知时用 t 检验.表8.1所示为正态总体均值的检验假设及其拒绝域的各种情形.

表 8.1　正态总体均值的检验

假　　设		假设 H_0 的显著性水平 α 下的拒绝域	
H_0	H_1	U 检验	t 检验
$\mu = \mu_0$	$\mu \neq \mu_0$	$\left\{\,\lvert U \rvert \geqslant u_{1-\frac{\alpha}{2}}\right\}$	$\left\{\,\lvert T \rvert \geqslant t_{1-\frac{\alpha}{2}}(n-1)\right\}$
$\mu \leqslant \mu_0$	$\mu > \mu_0$	$\{U \geqslant u_{1-\alpha}\}$	$\{T \geqslant t_{1-\alpha}(n-1)\}$
$\mu \geqslant \mu_0$	$\mu < \mu_0$	$\{U \leqslant u_{\alpha}\}$	$\{T \leqslant t_{\alpha}(n-1)\}$

2. 正态总体方差 σ^2 的检验

使用 χ^2 检验:当 $\mu = \mu_0$ 已知时选用统计量 χ_0^2,当 μ 未知时选用统计量 χ^2. 表 8.2 所示为正态总体方差的检验假设及其拒绝域的各种情形.

表 8.2　正态总体方差的检验

假　　设		假设 H_0 的显著性水平 α 下的拒绝域	
H_0	H_1	$\mu = \mu_0$ 已知	μ 未知
$\sigma^2 = \sigma_0^2$	$\sigma^2 \neq \sigma_0^2$	$\{\chi_0^2 \leqslant \chi_{\frac{\alpha}{2}}^2(n)\} \bigcup \{\chi_0^2 \geqslant \chi_{1-\frac{\alpha}{2}}^2(n)\}$	$\{\chi^2 \leqslant \chi_{\frac{\alpha}{2}}^2(n-1)\} \bigcup \{\chi^2 \geqslant \chi_{1-\frac{\alpha}{2}}^2(n-1)\}$
$\sigma^2 \leqslant \sigma_0^2$	$\sigma^2 > \sigma_0^2$	$\{\chi_0^2 \geqslant \chi_{1-\alpha}^2(n)\}$	$\{\chi^2 \geqslant \chi_{1-\alpha}^2(n-1)\}$
$\sigma^2 \geqslant \sigma_0^2$	$\sigma^2 < \sigma_0^2$	$\{\chi_0^2 \leqslant \chi_{\alpha}^2(n)\}$	$\{\chi^2 \leqslant \chi_{\alpha}^2(n-1)\}$

(四)比较两个正态总体均值差和方差比的检验

设总体 $X \sim N(\mu_1, \sigma_1^2)$ 和 $Y \sim N(\mu_2, \sigma_2^2)$ 相互独立,$(X_1, X_2, \cdots, X_m)$ 和 $(Y_1, Y_2, \cdots, Y_n)$ 是来自 X 和 Y 的简单随机样本,$\bar{X}$ 和 $\bar{Y}$ 是样本均值;S_{1m}^{*2} 和 S_{2n}^{*2} 是修正样本方差;记

$$U = \frac{\bar{X} - \bar{Y}}{\sqrt{\dfrac{\sigma_1^2}{m} + \dfrac{\sigma_2^2}{n}}}, \quad T = \frac{\bar{X} - \bar{Y}}{S_w \sqrt{\dfrac{1}{m} + \dfrac{1}{n}}}, \quad F_0 = \frac{n \sum\limits_{i=1}^{m}(X_i - \mu_1)^2}{m \sum\limits_{j=1}^{n}(Y_j - \mu_2)^2}, \quad F = \frac{S_{1m}^{*2}}{S_{2n}^{*2}},$$

其中,$S_w = \sqrt{\dfrac{(m-1)S_{1m}^{*2} + (n-1)S_{2n}^{*2}}{m+n-2}}$.

1. 正态总体均值差的检验

对两个正态总体均值 μ_1 与 μ_2 差的假设做检验时,当 σ_1, σ_2 已知时用 U 检验,当 $\sigma_1^2 = \sigma_2^2$ 但 σ_1, σ_2 的具体值未知时用 t 检验. 表 8.3 所示为两个正态总体均值差的检验假设及其拒绝域的各种情形.

表 8.3 两个正态总体均值差的检验

假 设		假设 H_0 的显著性水平 α 下的拒绝域	
H_0	H_1	U 检验	t 检验
$\mu_1 = \mu_2$	$\mu_1 \neq \mu_2$	$\{\,\lvert U \rvert \geqslant u_{1-\frac{\alpha}{2}}\}$	$\{\,\lvert T \rvert \geqslant t_{1-\frac{\alpha}{2}}(n-1)\}$
$\mu_1 \leqslant \mu_2$	$\mu_1 > \mu_2$	$\{U \geqslant u_{1-\alpha}\}$	$\{T \geqslant t_{1-\alpha}(n-1)\}$
$\mu_1 \geqslant \mu_2$	$\mu_1 < \mu_2$	$\{U \leqslant u_\alpha\}$	$\{T \leqslant t_\alpha(n-1)\}$

2. 两个正态总体方差比的检验

表 8.4 所示为两个正态总体方差比的检验假设及其拒绝域的各种情形.

表 8.4 两个正态总体方差的检验

假 设		假设 H_0 的显著性水平 α 下的拒绝域	
H_0	H_1	μ_1, μ_2 已知	μ_1, μ_2 未知
$\sigma_1^2 = \sigma_2^2$	$\sigma_1^2 \neq \sigma_2^2$	$\{F_0 \leqslant F_{\frac{\alpha}{2}}(m,n)$ 或 $F_0 \geqslant F_{1-\frac{\alpha}{2}}(m,n)\}$	$\{F \leqslant F_{\frac{\alpha}{2}}(m-1,n-1)$ 或 $F \geqslant F_{1-\frac{\alpha}{2}}(m-1,n-1)\}$
$\sigma_1^2 \leqslant \sigma_2^2$	$\sigma_1^2 > \sigma_2^2$	$\{F_0 \geqslant F_{1-\alpha}(m,n)\}$	$\{F \geqslant F_{1-\alpha}(m-1,n-1)\}$
$\sigma_1^2 \geqslant \sigma_2^2$	$\sigma_1^2 < \sigma_2^2$	$\{F_0 \leqslant F_\alpha(m,n)\}$	$\{F \leqslant F_\alpha(m-1,n-1)\}$

(五)分布的 χ^2 拟合检验

1. 多项分布的 χ^2 拟合检验

对概率值 $p_1, p_2, \cdots, p_k\left(\sum\limits_{i=1}^{k} p_i = 1\right)$ 分别给定 $p_1^0, p_2^0, \cdots, p_k^0$,现对总体做了 n 次观测,各类出现的频数分别为 $n_1, n_2, \cdots, n_k\left(\sum\limits_{i=1}^{k} n_i = n\right)$,根据这些观测值检验假设

$$H_0:\ p_1 = p_1^0,\quad p_2 = p_2^0,\quad \cdots,\quad p_k = p_k^0,$$

在显著性水平 α 下,拒绝域为 $\left\{\sum\limits_{i=1}^{k} \dfrac{(n_i - np_i^0)^2}{np_i^0} \geqslant \chi_{1-\alpha}^2(k-1)\right\}$.

2. 一般分布的 χ^2 拟合检验

假设总体的分布函数为 F,对假设检验问题

$$H_0: F(x) = F_0(x),\quad H_1: F(x) \neq F_0(x).$$

当 F_0 与 r 个未知参数 $\theta_1, \theta_2, \cdots, \theta_r$ 有关时,则由观察数据和 F_0 计算出的 $p_1^0, p_2^0, \cdots, p_k^0$ 也与 r 个未知参数 $\theta_1, \theta_2, \cdots, \theta_r$ 有关,此时需要先求出这 r 个参数的最大似然估计,由此给出的 $p_1^0, p_2^0, \cdots, p_k^0$ 估计 $\hat{p}_1^0, \hat{p}_2^0, \cdots, \hat{p}_k^0$,对于该检验问题,在显著性水平 α 下,拒绝域为 $\left\{\sum\limits_{i=1}^{k} \dfrac{(n_i - n\hat{p}_i)^2}{n\hat{p}_i} \geqslant \chi_{1-\alpha}^2(k-r-1)\right\}$.

四、疑 难 分 析

1. 原假设与备选假设所处的地位具有不对称性

一个好的检验法则应有较小的犯第一类与第二类错误的概率. 但是,在样本容量固定时,犯这两类错误的概率是相互制约的,犯其中的一个错误的概率小时,犯另一个错误的概率往往就比较大. 一个显著性水平 α 下的检验,是使犯第一类错误的概率不超过 α,由于 α 的取值是非常小的,因此对原假设,不会轻易拒绝它,它处于受保护的地位;α 的取值越小,原假设越受保护.

2. 原假设不同,可能导致得到不同的结论

由于原假设与备选假设处于不对等的地位,原假设处于受保护的地位,是不会被轻易拒绝的假设,因此,在进行假设检验时,由于原假设的不同,对于同样的样本数据,可能会得到不同的结论,这就要求在实际问题中应把不能轻易否定的命题作为原假设.

五、典型例题选讲

例 8.1 设总体 $X \sim B(2, \theta)$,其中,θ 是未知的正数,$(X_1, X_2, \cdots, X_{10})$ 为来自 X 的简单随机样本. 对检验问题

$$H_0: \theta = 0.5, \quad H_1: \theta = 0.1,$$

求拒绝域为 $\left\{ (x_1, x_2, \cdots, x_{10}): \sum_{i=1}^{10} x_i = 0 \right\}$ 的检验犯两类错误的概率.

解 当原假设 H_0 成立时,有

$$\sum_{i=1}^{10} X_i \sim B(20, 0.5).$$

当备选假设 H_1 成立时,有

$$\sum_{i=1}^{10} X_i \sim B(20, 0.1).$$

所以,此检验法犯第一类错误的概率为

$$\alpha = P(拒绝 \ H_0 \mid H_0 \ 为真)$$

$$= P\left(\sum_{i=1}^{10} X_i = 0 \mid \theta = 0.5 \right)$$

$$= 0.5^{20}.$$

此检验法犯第二类错误的概率为

$$\beta = P(接受 \ H_0 \mid H_1 \ 为真)$$

$$= P\left(\sum_{i=1}^{10} X_i \neq 0 \mid \theta = 0.1 \right)$$

$$= 1 - P\left(\sum_{i=1}^{10} X_i = 0 \mid \theta = 0.1 \right)$$

$$= 1 - 0.9^{20}.$$

例 8.2 设总体服从区间 $[0,\theta]$ 上的均匀分布，$(X_1,X_2,\cdots,X_n)$ 是取自 X 的样本，考虑检验问题

$$H_0:\theta\geqslant 2,\quad H_1:\theta<2,$$

求拒绝域为 $\{(x_1,x_2,\cdots,x_n):0\leqslant x_{(n)}\leqslant 1.6\}$ 的检验犯第一类错误的概率的最大值 α.

解 由于 $X_{(n)}$ 的密度函数为

$$f_{(n)}(x)=\begin{cases}\dfrac{nx^{n-1}}{\theta^n} & 0\leqslant x\leqslant\theta \\ 0 & \text{其他}\end{cases},$$

因此，该检验犯第一类错误的概率为

$$\begin{aligned}
P&(\text{拒绝 } H_0\,|\,H_0 \text{ 为真})\\
&=P(0\leqslant X_{(n)}\leqslant 1.6\,|\,\theta\geqslant 2)\\
&=\int_0^{1.6}\frac{nx^{n-1}}{\theta^n}\mathrm{d}x\\
&=\frac{1.6^n}{\theta^n}.
\end{aligned}$$

由于 $\theta\geqslant 2$，故 $\alpha=0.8^n$.

例 8.3 有一批木材，其小头直径服从正态分布 $N(\mu,2.6^2)$（单位：cm）. 现在随机从中抽取 100 根，测得小头直径平均值为 12.2cm，在水平 $\alpha=0.05$ 下检验假设：小头直径平均值不小于 12cm.

解法一 对于检验问题：

$$H_0:\mu\geqslant 12,\quad H_1:\mu<12,$$

在 $\alpha=0.05$ 下，$u_{0.95}=1.645$，拒绝域应取作 $\left\{\dfrac{\sqrt{n}(\bar{X}-\mu_0)}{\sigma_0}\leqslant u_{0.95}\right\}$. 现由观测值求得

$$u=\frac{\sqrt{100}(\bar{x}-12)}{2.6}=\frac{\sqrt{100}(12.2-12)}{2.6}=\frac{10}{13}>-1.645,$$

故应接受 H_0，即不否认这批木材"小头直径平均值不小于 12cm".

解法二 对于检验问题：

$$H_0:\mu\leqslant 12,\quad H_1:\mu>12,$$

在 $\alpha=0.05$ 下，$u_{0.95}=1.645$，拒绝域应取作 $\left\{\dfrac{\sqrt{n}(\bar{X}-\mu_0)}{\sigma_0}\geqslant u_{0.05}\right\}$. 现由观测值求得

$$u=\frac{\sqrt{100}(\bar{x}-12)}{2.6}=\frac{\sqrt{100}(12.2-12)}{2.6}=\frac{10}{13}<1.645,$$

故应接受 H_0，即认为这批木材"小头直径平均值不小于 12cm".

注 由于原假设不同，用同样的观测值得到完全不同的结论.

例 8.4 随机地选 8 人，分别测量他们在早晨起床时和晚上就寝时的身高（单位：cm），得到以下的数据：

序号	1	2	3	4	5	6	7	8
早上身高	172	168	180	181	160	163	165	177
晚上身高	172	167	177	179	159	161	166	175

设两对数据差服从正态分布,原假设为早上平均身高比晚上平均身高要高,在显著性水平 $\alpha = 0.05$ 下检验"早上平均身高是否比晚上平均身高要高".

解　记 Z 为早晚身高之差,依题意,$Z \sim N(\mu, \sigma^2)$,Z 的观测值为

$$0, \quad 1, \quad 3, \quad 2, \quad 1, \quad 2, \quad -1, \quad 2.$$

这里需检验的假设为

$$H_0 : \mu \leqslant 0, \quad H_1 : \mu > 0.$$

在 $\alpha = 0.05$ 下,$t_{0.95}(7) = 1.8946$,拒绝域应取作 $\left\{ \dfrac{\sqrt{n}\,\bar{X}}{S_n^*} \geqslant t_{0.95}(7) \right\}$. 现由观测值求得 $\bar{x} = 1.25$,$s_8^* = 1.28174$,从而

$$t = \frac{\sqrt{8}\,\bar{x}}{s_8^*} = \frac{\sqrt{8} \times 1.25}{1.28174} \approx 2.7584.$$

由于 $t > 1.8946$,故应拒绝 H_0,即早上平均身高明显比晚上平均身高要高.

例 8.5　两位化验员 A, B 独立地对某种聚合物含氯量用相同的方法各做 10 次测定,其测定值的样本方差依次为 $s_A^2 = 0.5419$,$s_B^2 = 0.6056$. 设 σ_A^2, σ_B^2 分别为 A, B 所测定的测定值总体的方差,总体均服从正态分布. 在显著水平 $\alpha = 0.05$ 下检验两位化验员所测定的测定值的方差 σ_A^2, σ_B^2 是否相同.

解　对于检验问题

$$H_0 : \sigma_A^2 = \sigma_B^2, \quad H_1 : \sigma_A^2 \neq \sigma_B^2,$$

在 $\alpha = 0.05$ 下 $F_{0.975}(9,9) = 4.03$,拒绝域应取作

$$\left\{ \frac{S_A^{*2}}{S_B^{*2}} \leqslant \frac{1}{F_{0.975}(9,9)} \quad \text{或} \quad \frac{S_A^{*2}}{S_B^{*2}} \geqslant F_{0.975}(9,9) \right\}.$$

现由观测值求得

$$\frac{s_A^{*2}}{s_B^{*2}} = \frac{\dfrac{10 s_A^2}{9}}{\dfrac{10 s_B^2}{9}} = \frac{s_A^2}{s_B^2} = 0.8948,$$

由于

$$\frac{1}{4.03} < \frac{s_1^{*2}}{s_2^{*2}} < 4.03,$$

故应接受 H_0,即不否认两位化验员所测定的测定值的方差相同.

例 8.6　某船厂的历史资料显示,生产的船只销往 A,B,C,D,E 地区的比例分别为 $20\%, 28\%, 8\%, 12\%$ 和 32%. 在今年生产的船只中,观测了 500 艘,发现销往上述地区的船只数分别为 $110, 138, 43, 66, 143$. 用 χ^2 拟合检验法在水平 $\alpha = 0.05$ 下检验假设:销售比例是否改变.

解　设 $p_1, p_2, \cdots, p_5$ 分别为生产的船只销往 A,B,C,D,E 的比率,对于检验问题

$$H_0 : p_1 = 0.2, \quad p_2 = 0.28, \quad p_3 = 0.08, \quad p_4 = 0.12, \quad p_5 = 0.32,$$

在显著性水平 $\alpha = 0.05$ 下,$\chi^2_{0.95}(4) = 9.49$,拒绝域应取作 $\left\{ \sum\limits_{i=1}^{5} \dfrac{(n_i - np_i^0)^2}{np_i^0} \geqslant \chi^2_{0.95}(4) \right\}$.
现由观测值求得

$$\sum\limits_{i1}^{5} \frac{(n_i - np_i^0)^2}{np_i^0} = 3.6598 < 9.49 \, ,$$

故应接受 H_0,即调查数据不拒绝"销售比例没有发生改变".

例 8.7 在某公路上观测来往车辆 3 000 秒,记录每 15 秒经过车辆的数目,结果如下:

辆数	0	1	2	3	4	5
频数	90	67	27	11	5	0

在显著性水平 $\alpha = 0.05$ 下检验该总体是否服从参数为 λ 的泊松分布.

解 待检验的假设为

H_0:总体服从参数为 λ 的泊松分布,H_1:总体不服从参数为 λ 的泊松分布.

当原假设成立时,有

$$P(X = k) = \frac{\lambda^k}{k!} \mathrm{e}^{-\lambda}, \quad k = 0,1,\cdots .$$

由原始数据算出 λ 的最大似然估计值 $\hat{\lambda} = 1.5$,在显著水平 $\alpha = 0.05$ 下,$\chi^2_{0.95}(3) = 7.185$. 拒绝域应取作 $\left\{ \sum\limits_{i=0}^{4} \dfrac{(n_i - n\hat{p}_i)^2}{n\hat{p}_i} \geqslant \chi^2_{0.95}(3) \right\}$,其中,

$$\hat{p}_i = \frac{\hat{\lambda}^k}{k!} \mathrm{e}^{-\hat{\lambda}}, \quad k = 0,1,2,3; \quad \hat{p}_4 = 1 - \sum\limits_{i=1}^{3} \hat{p}_i .$$

现由观测值求得

$$\hat{p}_0 = 0.1489515, \quad \hat{p}_1 = 0.3644878, \quad \hat{p}_2 = 0.1585522,$$
$$\hat{p}_3 = 0.04598014, \quad \hat{p}_4 = 0.01202825 ,$$

从而

$$\sum\limits_{i=1}^{4} \frac{(n_i - n\hat{p}_i)^2}{n\hat{p}_i} = 4.789 < 7.185 .$$

故接受 H_0,即调查数据不拒绝"经过车辆的数目服从参数为 λ 的泊松分布".

六、习 题 详 解

8.1 设 $X_1, X_2, \cdots, X_{16}$ 是来自正态总体 $N(\mu, 16)$ 的样本,考虑检验问题

$$H_0: \mu = 6; \quad H_1: \mu = 6.5 .$$

若拒绝域取为 $\{\overline{X} \geqslant 6 + u_{0.95}\}$,试求犯第一类错误与犯第二类错误的概率.

解 当原假设 H_0 成立时,有

$$\frac{\sqrt{16}(\overline{X} - 6)}{4} \sim N(0,1) ;$$

当备选假设 H_1 成立时,有

$$\frac{\sqrt{16}(\bar{X} - 6.5)}{4} \sim N(0,1) ,$$

所以,此检验法犯第一类错误的概率为

$$\alpha = P(拒绝 H_0 \mid H_0 为真)$$

$$= P(\bar{X} \geqslant 6 + u_{0.95} \mid \mu = 6)$$

$$= P(\bar{X} - 6 \geqslant u_{0.95} \mid \mu = 6)$$

$$= 0.05 .$$

此检验法犯第二类错误的概率为

$$\beta = P(接受 H_0 \mid H_1 为真)$$

$$= P(\bar{X} < 6 + u_{0.95} \mid \mu = 6.5)$$

$$= P(\bar{X} - 6.5 < u_{0.95} - 0.5 \mid \mu = 6.5)$$

$$= \Phi(1.145) = 0.8739 .$$

8.2 设总体 X 服从泊松分布,即

$$P(X = k) = \frac{\lambda^k}{k!}e^{-\lambda}, \quad k = 0,1,2,\cdots,$$

其中,λ 是未知的正数,$X_1, X_2, \cdots, X_{10}$ 为来自 X 的简单随机样本. 对检验问题

$$H_0: \lambda = 0.2; \quad H_1: \lambda = 0.1,$$

试求拒绝域为 $\left\{(x_1, x_2, \cdots, x_{10}): \sum_{i=1}^{10} x_i = 0\right\}$ 的检验犯两类错误的概率.

解 当原假设 H_0 成立时,有

$$\sum_{i=1}^{10} X_i \sim \text{Pois}(2) ;$$

当备选假设 H_1 成立时,有

$$\sum_{i=1}^{10} X_i \sim \text{Pois}(1),$$

所以,此检验法犯第一类错误的概率为

$$\alpha = P(拒绝 H_0 \mid H_0 为真)$$

$$= P\left(\sum_{i=1}^{10} X_i = 0 \mid \lambda = 0.2\right)$$

$$= e^{-2},$$

此检验法犯第二类错误的概率为

$$\beta = P(接受 H_0 \mid H_1 为真)$$

$$= P\left(\sum_{i=1}^{10} X_i \neq 0 \mid \lambda = 0.1\right)$$

$$= 1 - P\left(\sum_{i=1}^{10} X_i = 0 \mid \lambda = 0.1\right)$$

$$= 1 - e^{-1} .$$

8.3 设 X_1, X_2 独立,分别服从 $N(\theta_1, \sigma_0^2), N(\theta_2, \sigma_0^2)$,其中 σ_0^2 已知,对假设检验问题

$$H_0: \theta_1 = \theta_2 = 0, \quad H_1: \theta_1^2 + \theta_2^2 > 0,$$

设当且仅当 $X_1^2 + X_2^2 \geqslant c$ 时拒绝原假设 H_0,那么,当 c 为何值时,该检验犯第一类错误的概率为 α?

解 当原假设 H_0 成立时,有

$$\frac{X_1^2 + X_2^2}{\sigma_0^2} \sim \chi^2(2),$$

要使此检验法犯第一类错误的概率为 α,只需

$$\begin{aligned}
\alpha &= P(拒绝\ H_0 \mid H_0\ 为真) \\
&= P(X_1^2 + X_2^2 \geqslant c \mid H_0\ 为真) \\
&= P\left(\frac{X_1^2 + X_2^2}{\sigma_0^2} \geqslant \frac{c}{\sigma_0^2} \Big| H_0\ 为真\right).
\end{aligned}$$

所以

$$\frac{c}{\sigma_0^2} = \chi^2_{1-\alpha}(2),$$

因此

$$c = \sigma_0^2 \chi^2_{1-\alpha}(2).$$

8.4 根据以往记录某区域早稻平均亩产量为 $350\,\mathrm{kg}$,今年选用新早稻品种耕种,收割时随机抽取了 10 块稻田,测出每块稻田的实际亩产量为 $x_1, x_2, \cdots, x_{10}$,计算得 $\bar{x} = \frac{1}{10} \sum_{i=1}^{10} x_i = 480$. 如果知道早稻亩产量服从正态分布 $N(\mu, 144)$. 试在显著水平 $\alpha = 0.05$ 下检验

$$H_0: \mu \leqslant 350, \quad H_1: \mu > 350.$$

解 对于检验问题

$$H_0: \mu \leqslant 350, \quad H_1: \mu > 350,$$

在 $\alpha = 0.05$ 下,拒绝域应取作 $\left\{\frac{\sqrt{n}(\bar{X} - \mu_0)}{\sigma_0} \geqslant u_{0.95}\right\}$,$u_{0.95} = 1.645$. 现由观测值求得

$$u = \frac{\sqrt{10}(\bar{x} - 350)}{12} = \frac{\sqrt{10}(480 - 350)}{12} = 34.258 > 1.645,$$

故应拒绝 H_0,即认为早稻平均亩产量显著超过 $350\,\mathrm{kg}$.

8.5 设随机地从一批钉子中抽取 10 枚,测得它们的长度(单位:cm)为

2.14, 2.10, 2.13, 2.15, 2.12, 2.16, 2.13, 2.11, 2.15, 2.11.

设钉子的长度 $X \sim N(\mu, \sigma^2)$. 问:是否可以认为钉子的平均长度 $\mu = 2.15$?

解 这里需检验的假设为

$$H_0: \mu = 2.15, \quad H_1: \mu \neq 2.15,$$

在 $\alpha = 0.05$ 下,拒绝域应取作 $\left\{\frac{\sqrt{n}|\bar{X} - 2.15|}{S_n^*} \geqslant t_{0.975}(9)\right\}$,$t_{0.975}(9) = 2.2622$.

现由观测值求得 $\bar{x} = 2.13, s_{10}^* = 0.02$,从而

$$t = \frac{\sqrt{10}(\bar{x} - 2.15)}{s_{10}^*} = \frac{\sqrt{10}(2.13 - 2.15)}{0.02} = -\sqrt{10}.$$

由于 $|t| > 2.2622$，故应拒绝 H_0，即认为钉子的平均长度不是 2.15cm.

8.6 从切割机切割所得的金属棒中随机抽取 13 根，测得长度（单位:cm）为

10.6，10.1，10.4，10.5，10.3，10.2，10.9，10.6，10.8，10.5，10.7，10.2，10.7.

设金属棒长度 $X \sim N(\mu, \sigma^2)$. 问：是否可以认为金属棒长度的标准差 $\sigma = 0.15$（显著水平 $\alpha = 0.05$）？

解 这里需检验的假设为

$$H_0: \sigma = 0.15, \quad H_1: \sigma \neq 0.15,$$

在 $\alpha = 0.05$ 下，拒绝域应取作

$$\left\{ \frac{(n-1)S_n^{*2}}{0.15^2} \leqslant \chi_{0.025}^2(12) \quad \text{或} \quad \frac{(n-1)S_n^{*2}}{0.15^2} \geqslant \chi_{0.975}^2(12) \right\}.$$

$\chi_{0.025}^2(12) = 4.404$，$\chi_{0.975}^2(12) = 23.337$. 现由观测值求得 $s_{13}^{*2} = 0.06166667$，从而

$$\frac{(n-1)s_{13}^{*2}}{0.15^2} = \frac{12 \times 0.06166667}{0.15^2} = 32.8889 > 23.337,$$

故应拒绝 H_0，即否认"金属棒长度的标准差是 0.15".

8.7 某种导线的电阻（单位:Ω）服从正态分布. 按照规定，电阻的标准差不得超过 0.005. 现从一家新厂生产的一批导线中任取 9 根，测得修正样本标准差 $s^* = 0.007$. 这批导线的电阻的标准差比规定的电阻的标准差是否显著地偏大（显著性水平 $\alpha = 0.05$）？

解 由于该厂是新的，对其生产的产品应慎重对待，故将不利于该厂的假设作为原假设，因此建立假设：

$$H_0: \sigma \geqslant 0.005, \quad H_1: \sigma < 0.005,$$

在 $\alpha = 0.05$ 下，拒绝域应取作：$\left\{ \frac{(n-1)S_n^{*2}}{0.005^2} \leqslant \chi_{0.05}^2(8) \right\}$，$\chi_{0.05}^2(8) = 2.733$.

现由观测值求得

$$\frac{(n-1)s_{13}^{*2}}{0.15^2} = \frac{8 \times 0.007^2}{0.005^2} = 15.68 > 2.733,$$

故应接受 H_0，即认为电阻的标准差并不是显著低于 0.005.

8.8 某电子元件的寿命（单位:h）$X \sim N(\mu, \sigma^2)$，其中 μ，σ^2 未知. 现测得 16 只元件，计算样本均值 $\bar{x} = 241.5000$，修正样本方差 $s^{*2} = 98.7259$. 试在显著性水平 $\alpha = 0.05$ 下检验：

(1)元件的平均寿命是否大于 225h？

(2)元件寿命的标准差 σ 是否等于 10？

解 (1)待检测的假设为

$$H_0: \mu \leqslant 225, \quad H_1: \mu > 225,$$

在 $\alpha = 0.05$ 下，拒绝域应取作 $\left\{ \frac{\sqrt{n}(\bar{X} - 225)}{S_n^*} \geqslant t_{0.95}(15) \right\}$，$t_{0.95}(15) = 1.7531$.

现由观测值求得

$$t = \frac{\sqrt{16}(\bar{x} - 225)}{s_{16}^{*}} = \frac{\sqrt{16}(241.5 - 225)}{\sqrt{98.7259}} = 6.6425,$$

由于 $t > 1.7531$,故应拒绝 H_0,即认为元件的平均寿命超过 225h.

(2)这里需检验的假设为

$$H_0: \sigma = 10, \quad H_1: \sigma \neq 10,$$

在 $\alpha = 0.05$ 下,拒绝域应取作

$$\left\{ \frac{(n-1)S_n^{*2}}{100} \leqslant \chi_{0.025}^2(15) \text{ 或 } \frac{(n-1)S_n^{*2}}{100} \geqslant \chi_{0.975}^2(15) \right\}.$$

$\chi_{0.025}^2(15) = 6.262, \chi_{0.975}^2(15) = 27.488.$ 现由观测值求得

$$\frac{(n-1)s_{16}^{*2}}{100} = \frac{15 \times 98.7259}{100} = 14.8089,$$

由于

$$6.262 < \frac{(n-1)s_{16}^{*2}}{100} < 27.488,$$

故应接受 H_0,即认为元件寿命的标准差等于 10.

8.9 甲、乙两公司都生产 700MB 的光盘,从甲生产的产品中抽查了 7 张光盘,从乙生产的产品中抽查了 9 张光盘,分别测得它们的存储量如下:

甲(X)	683	682	683	678	681	680	677	
乙(Y)	681	682	671	677	680	677	679	681	683

现已知甲和乙的光盘储量分别为 $X \sim N(\mu_1, 5)$ 和 $Y \sim N(\mu_2, 12)$. 在显著水平 $\alpha = 0.05$ 下,甲、乙两家公司生产的光盘的平均储量有无显著差异?

解 待检验的假设为

$$H_0: \mu_1 = \mu_2, \quad H_1: \mu_1 \neq \mu_2,$$

设来自甲、乙公司的样本均值分别为 $\bar{x}, \bar{y}$,经计算 $\bar{x} = 680.57143, \bar{y} = 679$. 在 $\alpha = 0.05$ 下,查表得 $u_{0.975} = 1.96$,拒绝域应取作 $\left\{ \frac{|\bar{X} - \bar{Y}|}{\sqrt{\frac{5}{7} + \frac{12}{9}}} \geqslant u_{0.975} \right\}$ 现由观测值求得

$$u = \frac{|\bar{x} - \bar{y}|}{\sqrt{\frac{5}{7} + \frac{12}{9}}} = \frac{680.57143 - 679}{\sqrt{\frac{5}{7} + \frac{12}{9}}} = 1.0982 < 1.96,$$

故应接受 H_0,即两家公司生产的光盘的平均储量无显著差异.

8.10 为了研究正常成年男、女血液红细胞数(单位:万/mm³)的差异,随机地抽取正常成年男、女分别为 26 名、14 名,计算得样本均值分别为 $\bar{x} = 465.13, \bar{y} = 422.16$,修正样本标准差分别为 $s_1^* = 54.80, s_2^* = 49.2$. 假定正常男、女的红细胞数服从正态分布且方差相等,试检验该地正常成年人的细胞平均数是否与性别有关($\alpha = 0.005$)?

解 设正常成年男、女红细胞数分别服从正态分布 $N(\mu_1, \sigma^2), N(\mu_2, \sigma^2)$,这里的检验问题为

$$H_0: \mu_1 = \mu_2, \quad H_1: \mu_1 \neq \mu_2,$$

在 $\alpha = 0.05$ 下,拒绝域应取作

$$\left\{ \frac{|\overline{X} - \overline{Y}|}{\sqrt{\dfrac{25S_1^{*2} + 13S_2^{*2}}{28}}\sqrt{\dfrac{1}{26} + \dfrac{1}{14}}} \geq t_{0.975}(38) \right\}.$$

查表得 $t_{0.975}(38) = 2.0244$. 现由观测值求得检验统计量的值为

$$\begin{aligned}
t &= \frac{\overline{x} - \overline{y}}{\sqrt{\dfrac{25s_1^{*2} + 13s_2^{*2}}{38}}\sqrt{\dfrac{1}{26} + \dfrac{1}{14}}} \\
&= \frac{465.13 - 422.16}{\sqrt{\dfrac{25 \times 54.8^2 + 13 \times 49.2^2}{38}}\sqrt{\dfrac{1}{26} + \dfrac{1}{14}}} \\
&= 2.448.
\end{aligned}$$

由于 $|t| > 2.0244$,故应拒绝 H_0,即正常成年男、女红细胞平均数有显著差异.

8.11 人们发现在早期酿造啤酒时,在麦芽干燥过程中形成致癌物质亚硝酸基二甲氨. 到后期开发了一种新的麦芽干燥技术,下面给出分别在新老两种过程中形成亚硝酸基二甲氨的含量(以 10 亿份中的份数计):

$$\text{老过程}: 6, 4, 5, 5, 6, 5, 5, 6, 4, 6, 7, 4$$
$$\text{新过程}: 2, 1, 2, 2, 1, 0, 3, 2, 1, 0, 0, 0$$

假定两样本分别来自正态总体,且两总体的方差相等,但参数均未知,两样本独立,分别以 μ_1, μ_2 记对应于老、新过程的总体均值,试在显著水平 $\alpha = 0.05$ 下检验假设

$$H_0: \mu_1 - \mu_2 \leq 2, \quad H_1: \mu_1 - \mu_2 > 2.$$

解 待检验的假设为

$$H_0: \mu_1 - \mu_2 \leq 2, \quad H_1: \mu_1 - \mu_2 > 2,$$

设来自老过程的样本均值与修正标准差分别为 $\overline{x}, s_1^*$,来自新过程的样本均值与修正标准差分别为 $\overline{y}, s_2^*$. 经计算 $\overline{x} = 5.25, s_1^* = 0.9653073, \overline{y} = 1.4, s_2^* = 0.9660918$. 查表得 $t_{0.95}(20) = 1.7247$,拒绝域应取作

$$\left\{ \frac{\overline{X} - \overline{Y} - 2}{\sqrt{\dfrac{11S_1^{*2} + 9S_2^{*2}}{20}}\sqrt{\dfrac{1}{12} + \dfrac{1}{10}}} \geq t_{0.95}(20) \right\}.$$

现由观测值求得检验统计量的值为

$$\begin{aligned}
t &= \frac{\overline{x} - \overline{y} - 2}{\sqrt{\dfrac{11s_1^{*2} + 9s_2^{*2}}{20}}\sqrt{\dfrac{1}{12} + \dfrac{1}{10}}} \\
&= \frac{5.25 - 1.4 - 2}{\sqrt{\dfrac{11 \times 0.9653073^2 + 9 \times 0.9660918^2}{20}}\sqrt{\dfrac{1}{12} + \dfrac{1}{10}}} \\
&= 4.4743,
\end{aligned}$$

由于 $t > 1.7247$,故应拒绝 H_0,即老、新过程的总体均值差显著大于 2.

8.12 比较甲乙两种棉花品种的优劣,假设用它们纺出的绵纱强度分别服从正态分布

$N(\mu_1, \sigma_1^2), N(\mu_2, \sigma_2^2)$,试验者分别从这两种棉纱中抽取样本容量 $n_1 = 100, n_2 = 50$ 的样本,测得样本均值分别为 $\bar{x} = 5.6, \bar{y} = 5.2$,修正样本方差分别为 $s_1^{*2} = 4, s_2^{*2} = 2.56$. 设两样本相互独立. 试在水平 $\alpha = 0.05$ 下检验假设 $H_0: \mu_1 \leqslant \mu_2, H_1: \mu_1 > \mu_2$.

(1)若 $\sigma_1^2 = 2.2^2, \sigma_2^2 = 1.8^2$,

(2)若 $\sigma_1^2 = \sigma_2^2$ 未知.

解 待检验的假设为

$$H_0: \mu_1 \leqslant \mu_2, \quad H_1: \mu_1 > \mu_2.$$

(1)查表得 $u_{0.95} = 1.645$,在两正态总体方差已知时,拒绝域应取作

$$\left\{ \frac{\bar{X} - \bar{Y}}{\sqrt{\dfrac{2.2^2}{100} + \dfrac{1.8^2}{50}}} \geqslant u_{0.95} \right\}.$$

现由观测值求得检验统计量的值为

$$u = \frac{\bar{x} - \bar{y}}{\sqrt{\dfrac{2.2^2}{100} + \dfrac{1.8^2}{50}}} = \frac{5.6 - 5.2}{\sqrt{\dfrac{2.2^2}{100} + \dfrac{1.8^2}{50}}} = 1.188\,9 < 1.645 ,$$

故应接受 H_0,即不否认"乙种棉纱的平均强度不低于甲种棉纱的平均强度".

(2)由于 $t_{0.95}(148) \approx u_{0.95} = 1.645$,在两正态总体方差未知但相等时,拒绝域应取作

$$\left\{ \frac{\bar{X} - \bar{Y}}{\sqrt{\dfrac{99 S_1^{*2} + 49 S_2^{*2}}{148}} \sqrt{\dfrac{1}{100} + \dfrac{1}{50}}} \geqslant t_{0.95}(148) \right\}.$$ 现由观测值求得检验统计量的值为

$$\begin{aligned} t &= \frac{\bar{x} - \bar{y}}{\sqrt{\dfrac{99 s_1^{*2} + 49 s_2^{*2}}{148}} \sqrt{\dfrac{1}{100} + \dfrac{1}{50}}} \\ &= \frac{5.6 - 5.2}{\sqrt{\dfrac{99 \times 4 + 49 \times 2.56}{148}} \sqrt{\dfrac{1}{100} + \dfrac{1}{50}}} \\ &= 1.230\,3, \end{aligned}$$

由于 $t < 1.645$,故接受 H_0,即不否认"乙种棉纱的平均强度不低于甲种棉纱的平均强度".

8.13 应用某药物治疗 9 位高血压病人,治疗前后的舒张压(单位:kPa)见下表:

病人编号	1	2	3	4	5	6	7	8	9
治疗前	12.8	13.3	13.3	14.1	13.6	14.4	13.3	13.1	13.3
治疗后	11.7	12.3	13.1	13.6	13.1	13.6	12.8	13.1	12.5

设治疗前后的舒张压之差服从正态分布,试在显著水平 $\alpha = 0.05$ 下检验该药物对降低舒张压是否有显著疗效.

解 记 Z 为治疗前后舒张压之差,依题意,$Z \sim N(\mu, \sigma^2)$,Z 的观测值为

$$1.1, \quad 1, \quad 0.2, \quad 0.5, \quad 0.5, \quad 0.8, \quad 0.5, \quad 0, \quad 0.8 .$$

这里需检验的假设为

$$H_0 : \mu \leqslant 0, \quad H_1 : \mu > 0,$$

在 $\alpha = 0.05$ 下,拒绝域应取作 $\left\{ \dfrac{\sqrt{n}\bar{X}}{S_n^*} \geqslant t_{0.95}(8) \right\}$, $t_{0.95}(8) = 1.859\,5$. 现由观测值求得 $\bar{x} = 0.575, s_9^* = 0.377\,018$,从而

$$t = \frac{\sqrt{9}\,\bar{x}}{s_9^*} = \frac{\sqrt{9} \times 0.575}{0.377\,018} = 4.575\,4,$$

由于 $t > 1.859\,5$,故应拒绝 H_0,即该药物对降低舒张压有显著疗效.

8.14　某种物品在处理前与处理后分别抽样分析其含脂率如下:

处理前:$0.19, 0.18, 0.21, 0.30, 0.41, 0.12, 0.27$;

处理后:$0.15, 0.13, 0.07, 0.24, 0.19, 0.06, 0.08, 0.12$.

设处理前后的含脂率都服从正态分布,试在显著水平 $\alpha = 0.05$ 下检验处理前后含脂率的方差是否有显著差异.

解　设某种物品含脂率在处理前、后分别服从正态分布 $N(\mu_1, \sigma_1^2), N(\mu_2, \sigma_2^2)$,两样本的修正标准差分别为 s_1^*, s_2^*. 经计算 $s_1^* = 0.095\,568\,47, s_2^* = 0.062\,335\,5$,

对于检验问题

$$H_0 : \sigma_1^2 = \sigma_2^2, \quad H_1 : \sigma_1^2 \neq \sigma_2^2,$$

在 $\alpha = 0.05$ 下,拒绝域应取作

$$\left\{ \frac{S_1^{*2}}{S_2^{*2}} \leqslant \frac{1}{F_{0.975}(7,6)} \text{ 或 } \frac{S_1^{*2}}{S_2^{*2}} \geqslant F_{0.975}(6,7) \right\},$$

$F_{0.975}(6,7) = 5.12, F_{0.975}(7,6) = 5.60$. 现由观测值求得

$$\frac{s_1^{*2}}{s_2^{*2}} = \frac{0.095\,568\,47^2}{0.062\,335\,5^2} \approx 2.350\,5 .$$

由于

$$\frac{1}{5.60} < \frac{s_1^{*2}}{s_2^{*2}} < 5.12 ,$$

故应接受 H_0,即不否认两总体的方差相同.

8.15　甲、乙两台车床生产的滚珠的直径(单位:mm)都服从正态分布,现从两台车床生产的滚珠中分别抽取 8 个和 9 个,测得直径如下:

甲车床生产的滚珠	15.0	14.5	15.2	15.5	14.9	15.1	15.1	14.8	
乙车床生产的滚珠	15.2	15.0	14.8	15.2	15.0	15.1	14.8	15.1	14.8

问:乙车床产品的方差是否显著地不大于甲车床产品的方差(显著水平 $\alpha = 0.05$)?

解　设甲乙车床生产零件的直径分别服从正态分布 $N(\mu_1, \sigma_1^2), N(\mu_2, \sigma_2^2)$,两样本的修正标准差分别为 s_1^*, s_2^*. 经计算 $s_1^* = 0.294\,897\,1, s_2^* = 0.165\,831\,2$.

对于检验问题

$$H_0 : \sigma_1^2 \geqslant \sigma_2^2, H_1 : \sigma_1^2 < \sigma_2^2,$$

在 $\alpha = 0.05$ 下,拒绝域应取作 $\left\{ \dfrac{S_1^{*2}}{S_2^{*2}} \leqslant \dfrac{1}{F_{0.95}(8,7)} \right\}$, $F_{0.95}(8,7) = 3.73$. 现由观测值求得

$$\frac{s_1^{*2}}{s_2^{*2}} = \frac{0.294\,897\,1^2}{0.165\,831\,2^2} = 3.162\,3,$$

由于

$$\frac{s_1^{*2}}{s_2^{*2}} > \frac{1}{3.73},$$

故应接受 H_0,即不否认"乙车床产品的方差不大于甲车床产品的方差".

8.16　为了比较水稻品种甲与乙的产量,随机选取 18 块环境相近的试验田,在其中的 8 块试验田种甲品种,另外 10 块试验田种乙品种,测得亩产量如下(单位:kg):

甲类:910,1 028,983,1 015,954,1 012,930,925;

乙类:833,935,898,870,960,967,898,880,903,826.

假设两种水稻产量均服从正态分布,试在显著水平 $\alpha = 0.05$ 下检验两个品种的产量是否服从相同的分布.

解　设水稻品种甲、乙的亩产量分别服从正态分布 $N(\mu_1, \sigma_1^2)$,$N(\mu_2, \sigma_2^2)$,来自第一个总体的样本均值与修正标准差分别为 $\bar{x}$,s_1^*,来自第二个总体的样本均值与修正标准差分别为 $\bar{y}$,s_2^*.经计算 $\bar{x} = 969.25$,$s_1^* = 45.984\,28$,$\bar{y} = 897$,$s_2^* = 47.733\,05$.

(1)对于检验问题

$$H_0: \sigma_1^2 = \sigma_2^2, \quad H_1: \sigma_1^2 \neq \sigma_2^2,$$

在 $\alpha = 0.05$ 下,拒绝域应取作

$$\left\{ \frac{S_1^{*2}}{S_2^{*2}} \leqslant \frac{1}{F_{0.975}(9,7)} \text{ 或 } \frac{S_1^{*2}}{S_2^{*2}} \geqslant F_{0.975}(7,9) \right\}.$$

$F_{0.975}(7,9) = 4.20$,$F_{0.975}(9,7) = 4.82$.现由观测值求得

$$\frac{s_1^{*2}}{s_2^{*2}} = \frac{45.984\,28^2}{47.733\,05^2} = 0.928\,1.$$

由于

$$\frac{1}{4.82} < \frac{s_1^{*2}}{s_2^{*2}} < 4.20,$$

故应接受 H_0,即不否认两总体的方差相同.

(2)对于检验问题

$$H_0: \mu_1 = \mu_2, H_1: \mu_1 \neq \mu_2,$$

在 $\alpha = 0.05$ 下,拒绝域应取作

$$\left\{ \frac{|\bar{X} - \bar{Y}|}{\sqrt{\frac{7S_1^{*2} + 9S_2^{*2}}{16}} \sqrt{\frac{1}{8} + \frac{1}{10}}} \geqslant t_{0.975}(16) \right\}.$$

查表得 $t_{0.975}(16) = 2.119\,9$.现求得检验统计量的值为

$$t = \frac{\bar{x} - \bar{y}}{\sqrt{\frac{7s_1^{*2} + 9s_2^{*2}}{16}} \sqrt{\frac{1}{8} + \frac{1}{10}}}$$

$$= \frac{969.25 - 897}{\sqrt{\frac{7 \times 45.984\,28^2 + 9 \times 47.733\,05^2}{16}} \sqrt{\frac{1}{8} + \frac{1}{10}}}$$

$$= 3.242\,4.$$

由于 $|t| > 2.1199$，故应拒绝 H_0，即认为两总体的期望有显著差异，从而两总体服从不同的正态分布.

8.17 某工厂（工作日为周一至周五）近五年发生了 63 次事故，按星期几记录如下表：

星期	一	二	三	四	五
次数	12	14	13	9	15

问：在显著水平 $\alpha = 0.05$ 下可否认为事故的发生次数与星期几有关？

解 若事故是均匀分布在五个工作日内，以 A_i 表示"事故出现在周 i"($i = 1, 2, \cdots, 5$)，则要检验假设

$$H_0: P(A_i) = p_i = \frac{1}{5}, \quad i = 1, 2, \cdots, 5.$$

在 $\alpha = 0.05$ 下，拒绝域应取作 $\left\{ \sum_{i=1}^{5} \frac{(n_i - np_i)^2}{np_i} \geq \chi_{0.95}^2(4) \right\}$，$\chi_{0.95}^2(4) = 9.49$. 现由观测值求得

$$\sum_{i=1}^{5} \frac{(n_i - np_i)^2}{np_i} = 1.6825 < 9.49$$

故应接受 H_0，即认为事故发生的次数与星期几无显著关系.

8.18 从总体 X 中抽取容量为 100 的样本，频数分布如下表：

区间	$[0, 0.2)$	$[0.2, 0.4)$	$[0.4, 0.6)$	$[0.6, 0.8)$	$[0.8, 1]$
频数	3	12	19	28	38

试在显著水平 $\alpha = 0.05$ 下检验该总体的分布密度函数为

$$p_0(x) = \begin{cases} 2x & 0 \leq x \leq 1 \\ 0 & \text{其他} \end{cases}.$$

能否接受.

解 待检验的假设为

H_0：总体的密度函数是 $p_0(x)$， H_1：总体的密度函数不是 $p_0(x)$，

在 $\alpha = 0.05$ 下，拒绝域应取作 $\left\{ \sum_{i=1}^{5} \frac{(n_i - np_i)^2}{np_i} \geq \chi_{0.95}^2(4) \right\}$，其中，

$$p_i = \int_{\frac{i-1}{5}}^{\frac{i}{5}} 2x \, dx = \frac{i^2 - (i-1)^2}{25}, \quad i = 1, 2, \cdots, 5.$$

$\chi_{0.95}^2(4) = 9.49$. 经计算

$$\sum_{i=1}^{5} \frac{(n_i - np_i)^2}{np_i} = 0.4111 < 9.49,$$

故应接受 H_0，即认为总体的密度函数是 $p_0(x)$.